パイプライン爆破法　燃える地球でいかに闘うか

アンドレアス・マルム 著

箱田徹 訳

凡例

一、本書は、Andreas Malm, *How to Blow Up a Pipeline: Learning to Fight in a World on Fire*. London: Verso, 2021の全訳である。

一、本書刊行後の反響に応えた本人のテキスト、'When Does the Fightback Begin?'. verso.com, 23 April 2021を、原著者の了解を得て補論として追加した。

一、本文中の写真は、日本語版のために原著者とも相談し、挿入したものである（原著に写真はない）。

一、巻末の索引は訳者による作成である（原著に索引はない）。

一、原文のイタリックには傍点を付した。

一、訳者による補足は〔　〕で記した。

目次

序文　なにもしないことの言い訳などもうありえない

本書の原稿は新型コロナウィルスの襲来前に完成したものである。この序文の執筆時点で、Covid-19〔新型コロナウィルス感染症〕パンデミックは世界中で一日に約二千人の命を奪っているが、政治的な犠牲者も生み出している。その代表格が気候運動だ。飛ぶ鳥を落とす勢いだった大衆運動は感染爆発を受けてまたたくまに中断に追い込まれた。二〇一九年に世界を席巻した気候ストライキは見合わせとなった。ヨーロッパの大部分が完全にロックダウンされる直前、私はアムステルダムで、かつてないほどエキサイティングな大衆行動を一年かけて準備してきた同志たちに会った。この運動「シェル・マスト・フォール」(Shell Must Fall)は、〔オランダに本拠を置く〕シェル社が毎年五月に行う年次株主総会を活動家によるアクションで阻止することを計画しており、活動家たちは今後二度と株主総会をできないようにすると宣言していた。しかし、とても残念なことに、主催者側は取り組みを続けられる情勢ではないとの認識に至った。私がいま滞在しているベルリンでは、気候運動の核となっている連合体「エンデ・ゲレンデ」(Ende Gelände)が二〇二〇年に向けて同様の大規模なプランを立てていたのだが、会合はすべて中止に追い込まれた。エクスティンクション・レベリオン（Extinction Rebellion）が市中心部で計画していた二週間のキャンプ〔「気候キャンプ」（Climate Camp）という運動スタイルのこと。公園や広場にテントや小屋などを一定期間設営してキャンペーンのベースとし、いくつものイベントや集会、デモなどを行う。文字通り寝袋やテントを持ち込んで泊まりこむこともできる〕も取りやめになった。Covid-19の発生前には、気候運動は未曾有の規模へと急成長していた。しかしいまや、あらゆる社会運動の「燃料」たる大勢の人の集まりは、あっという間に、禁止されるほど不健全とされてしまったのだ。この星の命運は悪意に満ちたこの世のものならぬ力に握られていると考える人がいてもおかしくはないだろう。

しかし、世界資本主義にもかつてないほど中断の圧力がかかっている。これはチャンスだ。温室効果ガスの排出量は――二〇〇八年の金融危機の直後がちょうどそうだったように、気候政策とはまったく無関係な理由で――急減するだろう〔実際、二〇二〇年には、世界の二酸化炭素排出量は、前年比で約七%に減少したとされる〕。それ自体はよいことだ。私有財産への干渉にかんするタブーは破られた。もしパンデミックが政府に緊急行動を迫ることができるならば、地球の生命維持システムそのものを消滅させかねない気候変動にも同じことができるはずだ。Covid-19以後、なにもしないことの言い訳などもうありえないのである。

これは積極果敢な気候対策がひとりでに行われるとか、外出禁止令や工場の操業停止、空港の一時閉鎖が化石燃料からの移行を必然的にもたらすという意味ではない。むしろ真逆の事態に備えておかなければならない。パンデミックが終息すればたちどころに、これまで通りの企業活動(ビジネス・アズ・ユージュアル)

が復活するだろう。自動車会社は生産を再開し、航空会社は飛行機を再び飛ばし、石油会社やガス会社は燃料価格の再上昇で儲けようと手ぐすねを引いているだろう。コロナ危機が気候変動の緩和にとっての好機だとしても、行動に移された場合にのみ、それは現実のものとなるのだ。

気候運動は、だれもがそうであるように、当分の間はコロナ対策によっていったん休止となるかもしれない。しかし、この特別な緊急態勢が緩和されたなら、運動はすぐさま、精一杯の力を振り絞って湧き起こらなければならない。全体として時間が失われているのか、時間稼ぎになっているのかわからない。しかし、いずれにしても、気候を破局的（カタストロフィ）な事態へと進ませまいとする闘いは、これまで以上に喫緊のものとなるだろう。パンデミックは数年にわたって世界を駆け巡るかもしれない。感染は終息するかもしれないし、ワクチンで対抗できるかもしれない。しかし、地球温暖化は徐々に悪化していく。それを食い止めるには、温室効果ガスの排出が停止し、大気中のCO_2濃度が減少する必要がある。それがひとりでに起きる——化石資本が自然死を迎える——予兆はない。だからこそ、気候運動の歴史的な必要性は、今から一年後、二年後、五年後にははるかに大きなものとなっていく。本書が考察している戦術上の選択肢が、そこで再び生じることになるだろう。

本書で展開される議論は、運動が息を吹き返す限りにおいてだが、かなりの確率でこのパンデミック後も有効性を保つだろう。戦闘的（ミリタンシー）な運動の必要性が減じるとは考えにくい。だからこそ私は、本書での議論が、ポストコロナの局面において——あるいはCovid-19や今後生じるだろうパンデミックのまさにその局面においても——、運動にとってなんらかの価値があるものになることを願っている。そもそも財物を破壊する活動（サボタージュ）〔一般には、雇用者や、対立相手が所有する財物・資産（プロパティ）あるいは資源にダメージを与えることを指すが、本書では、化石燃料インフラを損壊し、そのオペレーションを阻害あるいは停止させることを指す〕はソーシャルディスタンシングと相容れないものではないのである。

ベルリン、二〇二〇年三月下旬

1　闘争の歴史に学ぶ

交渉最終日、これまでに経験のない大胆な行動の手はずを私たちは整えた。この一週間、私たちは市の東部にある古びた体育館を使って寝泊まりしていた。友人たちと便乗したバスのおんぼろさと言えば、真夜中のドライブ中にマフラーが外れるほどだったが、そんななかでもキャンプ会場のスポーツセンターの庭に降り立つと、あたかも別世界に突入したようだった。そこでは普段どおりの日常（ビジネス・アズ・ユージュアル）が宙づりになっていた。共同キッチンで出てくるのはヴィーガン料理。集まりはすべての人にオープンで、思ったことを自由に発言できた。あるワークショップでは、バングラデシュ人の男性が、海面上昇が自国にとってどれほど壊滅的な影響を及ぼしているかを説明していた。別のワークショップでは、島嶼国の代表者たちが、自分たちの窮状を訴えるとともに、私たちの行動を支持すると話していた。私は友人たちとスウェーデン環境相との面会を取りつけ、もっと野心的な目標を設定するよう強く求めた。そもそも科学は今よりずっと前から明確なメッセージを発していたのだった。

ある日のこと、私たちは地下鉄の駅から外に出て、交通量の多い都心の交差点になだれ込んだ。そして車の往来をブロックし、温室効果ガス排出削減を訴える横断幕を掲げた。ギターやバイオリンを奏でたり、ダンスや曲芸を披露したりする活動家もいれば、カンカンになっているドライバーにヒマワリの種を手渡す活動家もいた。相手が警察であれ誰であれ、こちらには事を構えるつもりは一切なかった。瓶や石を投げるくらいなら逮捕されるほうがよいと思っていた。次の日、私たちは大通りを埋め尽くし、路上を巧みに演出された野外演劇のステージへと変えた。樹木や草花、動物に扮してアスファルトの地面に横たわった人びとが、ダンボールや木で模された「自動車」に轢かれる。いつもなにげなく起きていること（ビジネス・アズ・ユージュアル）の象徴として。そして轢かれてぺちゃんこになった群衆のあいだには、国連会議の代表団に扮する活動家たちがいた。かれらは「ああでもない、こうでもない（ブラー・ブラー・ブラー）」と書かれたプラカードを手に立ち尽くすのである。

そしていよいよ交渉の最終日。チャーターしたバスは五百人全員を会場近くまで送り届けた。合図とともに私たちは会場となっている建物に向けてデモをかける。そして自分の身体を鎖でゲートにしばりつけ、地面に這いつくばった。こうすれば代表団が会場から出ることができない。このアクションのあいだ、私たちはこう叫び続けていた。「ばか話（ブラー・ブラー・ブラー）はもうたくさん！　いますぐ行動を！　無駄なおしゃべり（ブラー・ブラー・ブラー）はおしまいに！　いますぐ行動を！」

この出来事が起きたのは一九九五年、舞台はCOP1、第一回国連気候サミット（＝気候変動枠組条約締約国会議）。開催地はベルリンだった。参加者たちは裏口からこっそり退場した。この会議以降、世界の年間CO_2排出量は約六十％増加した。[1] この会議があった年には、化石燃料の燃焼によって六ギガトンを超える二酸化炭素が放出された。そして、二〇一八年には、排出量は十ギガトンを上回っている。代表団が会場を後にしてからの二十五年間で、第一回会議に先立つ七十五年間よりも多くの炭素が地下のストックから放出されているのである。

ＣＯＰ１以降、化石燃料採掘ブームが始まった米国は、石油・ガス生産で世界一に返り咲いた。そして世界最大のパイプライン網をさらに八十万マイル以上も拡大し、燃料用の高圧輸送管の数と距離を増やした[2]。ドイツは、褐炭――最も汚染度の高い化石燃料――を毎年二億トン近く掘り続けている。露天掘り炭鉱は情け容赦なく拡張され、森林や村々が破壊される。採掘現場ですり鉢状にくりぬかれたくすんだ色の大地が地平線の先まで広がるのは、掘削機が可燃性の軟岩層を掘り起こすからだ。ＣＯＰ１後に私の母国スウェーデンでは、史上最大規模のイ

COP1 ベルリンでの自転車デモの様子
(c) 気候ネットワーク

ンフラプロジェクトが始まった。建設されるのは巨大な環状高速道、どこにでもあるような自動車専用道だ。この道路は首都ストックホルムをぐるりと囲むようにして延び、さらに多くの車を走らせ、何百万トンもの有害物質を排出させる。ＣＯＰ１が閉幕した一九九五年四月に三六三ppmだった大気中のCO_2濃度は、二〇一八年四月には四一〇ppmを超えている。[3]

私がこう書いている間にも、シベリアでは雲状の煙が吹き荒れている。[4] 北極圏で起きた未曾有の規模と激しさの山火事に由来するものだ。この数週間、地球で最も寒いはずの森林地帯を炎が吹き抜け、柱状の煙は空高く舞い上がり、超巨大な煤煙のかたまりを作っている。この「雲」の大きさは、いまや欧州連合（ＥＵ）の領域を上回っている。そしてそれが消えてしまわないうちに、アマゾンで大火事が発生し、空前のペースで熱帯雨林が焼き尽くされているの

ハンバッハ炭鉱の掘削機を取り囲むエンデ・ゲレンデの隊列（2018年10月）
(cc) Tim Wagner

である。

現代世界の支配階級にはこの警告が届いていない――そんな言い方は手ぬるい。こうした階級に属する人びとに感覚というものがもしもあるのだとするのなら、それはまったく機能していないのだ。かれらは木々が燃える匂いに動じることがない。沈んでいく島を見ても気にとめはしない。接近するハリケーンの轟音を耳にしても逃げ出すことがない。その指が立ち枯れた作物の茎に触れることはない。その口が丸一日何も液体を飲まないせいでねばつき、カラカラになることがない。こうした人びとの理性や常識に訴えたところで無駄なことははっきりしている。終わりなき資本蓄積への献身、これこそがいつでも最優先事項だ。この三十年で疑問の余地はなくなった。支配階級はこの破局的事態（カタストロフィ）に対応する力をその性質からして持ち合わせておらず、状況を悪化させることしかできない。かれらは自発的に、内的衝動に突き動かされて、みずからの歩むべき道を焼き尽くすことしかできないのである。

だからこそ私たちはまだここにいる。持続可能な解決策を模索するキャンプを立てる。ヴィーガン料理を作り、集会を開く。デモをかけ、往来を遮断（ブロック）し、路上で寸劇をし、閣僚たちに要求事項を手渡し、自分の身体を鎖で繋ぎ、あくる日もまたデモに出る。私たちは今までどおり一点の曇りもなく平和的だ。今や桁違いに多くの人が参加している。私たちの訴えには絶望の響きもある。私たちは絶滅に向かっており未来はないのだと。しかしそれでもやはり旧態依然とした（ビジネス・アズ・ユージュアル）やり方はなんか変わることなく続いている。

いったいどの時点で私たちは行動のギアを上げるのか？　いったいいつになったらこれまでと

は違うこともやってみるべきと判断するのか？　いったいいつになったら私たちは地球を使い尽くし破壊しているものを物理的に攻撃し、みずからの手で破壊し始めるのか？　これほど長いこと行動を遅らせていることには何か理由があるのだろうか？

*

二〇一七年の夏、メキシコ湾に蓄積された熱量は記録的なレベルに達していた。海水面がかつてないほど温まっていたのだ。[5] 季節性ハリケーンが発生し始めると、その風は渦巻きとなり、蓄積された過剰なエネルギーの一部を糧にして風速と雨量を増していった。九月十八日、ハリケーン第八号「マリア」は、カテゴリー1からカテゴリー5へと急激に勢力を増した。その様子は衛星写真が捉えたように巨大な鋸の刃を思わせた。[6] カリブ海に浮かぶドミニカ島はずたずたにされ、すべてはなぎ倒された。丘陵を覆う熱帯雨林は一掃された。樹木は切り刻まれて海に投げ込まれた。わずか数時間で島はその象徴である草木の緑を失い、建物はまるで掘立小屋のように吹き飛ばされた。完全に吹き飛ばされたか、激しく損壊した家屋の割合は六十－九七％だったという。その後、瓦礫の山――屋根、レンガ、家具、ケーブル、下水管、国全体のインフラ――が島全体に四散した。自宅を失った人の一人は、マリアが上陸した四日後、ドミニカ国首相として国連総会の演壇に立ったルーズベルト・スケリットだった。

演説を行う国家元首がこれほど激しい戦争神経症（シェルショック）を患っていることはごくまれだ。スケリットは戦争の最前線から直行してきたのだと口火を切った。[7]「今日、ドミニカで私たちは墓を掘りました！」とスケリットは叫んだ。「昨日も大切な人たちの葬儀を出したのです！　明日、私が帰国するときには、間違いなく新たな犠牲者が出ていることでしょう。私たちが住んでいた家は潰れてしまいました！　建物の屋根は吹き飛ばされました！　作物は根こそぎ倒され、緑があったところには、いまや埃と土しかないのです」。科学的な知見を適切に要約し、スケリットはその場に集まった世界の指導者たちにこう説明した。海の熱は暴風雨にとって燃料の役目を果たしており、莫大なエネルギーを供給された嵐は大量破壊兵器に変貌する。その熱はカリブ海地域の人びとが作り出したものではない。住民のほぼすべてが奴隷の子孫と少数の先住民からなるドミニカ島はいまだ貧しく、ニューヨークやロンドンから遠く離れた社会であり、化石燃料の消費量といえば地球に痕跡を残すことのないわずかなものだ。「戦争がやってきたのです！」とスケリットは叫んだ。堪えられない痛みを耐えるようにして。「私たちは他人の行動のつけを負わされているのです。私たちの生存そのものを脅かす行動……それはすべて、よそにいる一握りの人びとの豊かさのためになされています」。スケリットは聴衆に必死に訴えた。「私たちは行動しなければなりません——行動、つまり排出量の削減だ——今すぐ行動する必要があるのです！」　スケリットはおそらく自分の言葉がどのような耳に届くことになるかを知っていたのだろう。スケリットが「戦争」のイメージで語ったのは適切だった。精密誘導ミサイルさながら、ハリケーン・マリアはドミニカを後にするとプエルトリコに進路を取った。そこでも同じ光景が繰り返された。洪水と泥流が村々を襲い、大勢の人びとが命を落とした。政府は死者を六十四人と発表したが、複数の独立調査団によれば、実際の死者は三千－六千人だった。[8] ドミニカでは同様の調査は行われていない。

ハリケーン・マリア襲来の二週間前、今年はハリケーンが猛威を振るっている現状の解説として、気候変動に早くから関心を示していたロンドン・レビュー・オブ・ブックス紙は、このテーマにまつわるエッセイを記事のアーカイブからいくつか選び、購読者に送った。第一弾の執筆者は、英国の小説家でエッセイストのジョン・ランチェスターだった。テキストはこう始まる。

気候変動に取り組む活動家がテロ行為をしてこなかったという事実は奇妙で驚くべきことである。そもそも、テロリズムとは現代世界で最も効果的な個人による政治行動であり、気候変動は、たとえば動物の権利と同程度に重視される問題だ。ガソリンスタンドを爆破したり、SUVを壊したりすることのたやすさを考えると、この事実はとくに際立つ。都市部では、SUVはそのドライバー以外のあらゆる人に嫌われている。ロンドン程度の都市なら、数十人もいればあっという間にこうした車種の所有を実質的に不可能にできる。車のドアを鍵でギーッと引っかくだけでよい。オーナーは一回の修理で数千ポンドを支払うことになる。五十人がひと月のあいだ毎晩四台にそうしたダメージを与えたとしよう。ひと月後には六千台のSUVがダメになり、「チェルシー・トラクター」〔ロンドンのチェルシーのような高級住宅街の富裕層が乗り回す大型4WD＝SUV（スポーツ用多目的車）を揶揄した言い方。その問題点については本文一〇一頁以降を参照〕はすぐに街頭から姿を消すことになるだろう。では、なぜこんなことが起きたりしないのだろうか？　気候変動を重大だと考える人たちはただただあまりに善良で、あまりに教育水準が高いので、そんなことはできないからなのだろうか？（しかしテロリストの教育水準は往々にして高い）　それとも、気候変動をある程度深刻に考える人たちすら、気候変動を完全に信じる気にはなれないからなのだろうか？[9]

これが書かれたのは、二〇一七年のハリケーンシーズンの十年前だ。その後には、二〇一〇年の洪水でパキスタンの五分の一が浸水し、約二千万人の生活が破壊され、サイクロン・ナルギス〔二〇〇八年〕がミャンマーで十数万人の命を奪い、台風ハイエン〔二〇一三年の台風十三号〕がフィリピンで死者六千人以上を出し、サイクロン・イダイ〔二〇一九年〕がモザンビーク中央部に甚大な被害をもたらし、マシュー〔二〇一六年〕、アイザック〔二〇一二年〕、イルマ〔二〇一七年〕、ドリアン〔二〇一九年〕といった超大型ハリケーンが発生した。また干ばつが中米で頻発して、イランやアフガニスタンも襲った。シエラレオネの首都では土砂崩れで千人以上が亡くなり、ペルーではモンスーン級の豪雨で数百カ村が水に流され、ペルシャ湾では人体が耐えられないレベルにまで気温が上昇し、そのほか数え切れないほどの災害が発生している――北側先進国世界(グローバルノース)の奥深くまで達した災害もある。ヨーロッパは二年連続の酷暑に見舞われ、カリフォルニアでは史上最悪級の山火事が起きた――こうしたすべてが過熱した世界という大釜で作られたものだ。しかもいまだに状況は変わっていない。本当になぜなのか？　少なくとも五つの要因がある。

第一に、問題の規模。対象は天地の生物ほぼすべてだ。第二に、先進資本主義国では潜在的なターゲットがどこにでもあること。石を投げればガソリンスタンドやSUVにまず当たるという状況——ドミニカのように排出源がほとんどないような国には、きわめて重要な点だが、存在しない要因だ。第三に、そうしたものを利用不可能にするのは簡単なこと。そこまで複雑な道具はいらないのだ。第四に、この危機の構造と深刻さへの気づき（ランチェスターのエッセイが出た時よりもずっと広まっている）。気候変動は動物の権利といった問題よりも強く意識されていること。こうしたただちに見てとれる要因に加えて、ランチェスターは不確かさという第五の要因を挙げている。大量の排出を行う装置を破壊するキャンペーンの効果だ。私がこう書いている時点でこうした取り組みはまだないので成果が出る保証はない。一方で、いつでも明々白々な第六の要因を挙げてもよい。なされている不正義の巨大さである。

こうしたことを考え合わせると、ランチェスターの言うような行動が実行されてこなかったのは、実に奇妙で驚くべきことだ。これは一つの逆説、いわば「ランチェスター・パラドックス」である。この逆説は気候崩壊に対応する行動が総じてなされていない現状の一端を表している。活動家界隈そのものに見られる一種の不作為を巧みに表現しているのだ。こうした現状と政治家たちの無駄話（ブラー・ブラー・ブラー）とはつながっている。

＊

グローバルノースの気候運動は周期的な盛り上がりを見せ、サイクルを重ねるごとに規模を増している。[10] 二〇〇六－二〇〇九年にはヨーロッパ北部を貫く動きがあった。英国では、活動家が気候キャンプを初めて開催した。テント村は予示的な〔運動が目指す将来を先取りするような〕生活と学びのフェスティバル会場になるとともに、近くにある排出源――空港や石炭火力発電所、金融街など――への大衆行動の拠点となった。英国のグループPlane Stupid〔直訳すると、「飛行機（プレイン）なんて愚の骨頂（ブレイン・スチューピッド）」といった意味〕は各地の空港で誘導路を占拠したり、滑走路に身を投げ出したりした。デンマーク、スウェーデン、ドイツでは、包括合意の締結が期待された、二〇〇九年十二月のコペンハーゲンCOP15をにらみ、生まれて間もない気候運動が本格化した。このときには十万人が丸一日かけて首脳級会合の会場までデモを行った。五万人がコペンハーゲン中心部の複合施設で開かれた「民衆気候サミット」に結集し、数千人が道路封鎖などのさまざまな行動に参加した。しかしここまでやっても成果はゼロ以下だった。COP15は、拘束力をもつ排出量削減という発想そのものが米国とその同盟国の代表団によって葬り去られて閉会した。一方、金融危機後の緊縮政策が猛威を振るうなかで英国の活動家のエネルギーはそがれた。二〇〇九年も状況は変わらず、COP15が瓦解した後に二十一世紀最初のサイクルは急速に潰えた。

　第二サイクルは二〇一一年、今度は米国から始まった。バラク・オバマ大統領は、みずからが公約したキャップ・アンド・トレードにかんする法律〔正式名称は二〇〇九年のアメリカのクリーンエネルギーと安全保障法。EUに似た国内排出権取引制度の導入を目指した。国内排出源に毎年削減される上限（キャップ）を設け、産業界など排出源に排出量を一定割り当てた上で、残りをオークションによる取引（トレード）とし、収益を低所得層向けの支援と国外の熱帯雨林保護に用いるとした〕を成立させることができなかったばかりか、COP15に引導すら渡した。不満を爆発させた運動側は政策決定の場から街頭へと軸足を移し、息の長い市民的不服従キャンペーンに着手した。争点となったのはキーストーンXLパイプラインだ。カナダ産のタール〔オイル〕サンド由来原油をメキシコ湾岸の製油所まで輸送するこのプロジェクトの実施にはオバマ大統領の認可が必要だった。やがてオバマは「ピープルパワー」に直面することになる。二〇一一年八月、一千人以上がホワイトハウス周辺での一週間に及ぶ座り込み抗議（シットイン）で逮捕された。次いで数万人がホワイトハウスを人間の鎖で囲み、自分の身体をプラスチックワイヤーでフェンスに固定した。同時に、活動家たちは一大ダイベストメントキャンペーン〔投資引き上げを訴える行動。反アパルトヘイト支援運動でも取り組まれた〕を展開した。大学や教会をはじめ、最低限の良心の呵責を感じる機関に石油・ガス・石炭関連企業の株を売却するよう説得し、こうした企業の正統性を剝ぎ取り、失墜させようと試みた。大型ハリケーン「サン

ヒースロー空港拡張に抗議してターミナルに侵入した白クマ（2015 年 3 月）

ディ」（二〇一二年十月）も後押しとなり、ニューヨークでは二〇一四年九月の「民衆気候行進」に四十万人が集まり、コペンハーゲンCOP15の動員記録を塗り替えた。史上最大のデモが起き、潮目は変わりつつあるように思われた。翌二〇一五年、オバマ大統領はついにキーストーンXLの建設計画を却下した。オバマ政権末期に運動は再び盛り上がりを見せた。ダコタ・アクセス・パイプライン建設計画に抗議し、ノースダコタ州スタンディングロック居留地でキャンプを展開するスー族に支援が集まったのだ。キーストーンXLなど北米での数十のパイプライン計画反対闘争と同じく、先住民活動家が運動の先頭に立ち、これまで政治的な関心を持たなかった数万人が参加した。そしてドナルド・トランプが政権の座に就いた。就任後最初の一週間で、トランプはこの二つのパイプラインを全速力で建設すると発表した。こうして第二サイクルは行き詰まりを迎えたのである。

しかし、危機そのものが和らぐことはなかった。二〇一八年の夏には、ヨーロッパ大陸の上空に熱い空気が居座り続けた。何カ月も雨雲を寄せ付けず、未曾有の火災を引き起こした。スウェーデンでは、軍のジェット機が山火事を爆撃するために出動した（水爆弾ではなく、実際の爆弾を投下した）。国全体が縮んでいくような感覚があった。夏が終わりに差し掛かったとき、十五歳の少女グレタ・トゥーンベリは自転車でスウェーデンの国会議事堂に向かった。そして路上に座り込み、気候を守るために学校をストライキすると宣言したのである。か弱いながらも大胆な反抗を行うという構図——温暖化する地球でこれから暮らしていかなければならない十代の女の子が、自分の意見にはまったく耳を貸そうとしない政治システムにひとりぼっちで抗っているというイメージ——を通じて、トゥーンベリは同世代の琴線に触れた。子どもや若者たちが金曜日になると学校を早退してデモするようになった。学校ストライキ——「未来のための金曜日(フライデーズ・フォー・フューチャー)」——のうねりは西ヨーロッパや世界各地を覆い、二〇一九年三月十五日に最初の頂点を迎えた。百五十万人がストライキを行いデモに参加した。若者が団結して起こした行動としてはおそらく史上最大級だった。

それから数週間後、「エクスティンクション・レベリオン」(Extinction Rebellion: XR)——これも二〇一八年の暑い夏から生まれている——によって、ロンドン都心の大部分が閉鎖された。活動家数千人が広場や橋を占拠し、ゆっくりと警察に排除された。英国ではこの数十年で最大規模となった市民的不服従行動は、暴力沙汰をいっさい起こさずに展開し、XRを二十一世紀で三度目のサイクルのピークに位置づけた。同様の行動はニューヨークからシドニーまでさまざまな都市でも取り組まれた。XRは、ピースサインやアナーキストのAサインと同じように人目を引き、簡単にコピーできるシンボルとなったのである。XRのロゴは地球を連想させる丸印のなかに図案化した砂時計を描いており、残された時間が少ないことを示している。

二〇一九年九月上旬、私は自宅のあるマルメでXRの行動に参加した。朝の潮風に砂時計の横断幕がはためく。新たに発表された報告によれば、このままだと今世紀後半にこの街の大半が水没するのだ。[11] 私たちは「ただちに行動を」と「空っぽの言葉はたくさん」と書いたプラカードを手にした。活動家の一団が服を脱ぎ、水位の上がった海で泳ぐ格好をしながら、交差点を練り歩き、数分にわたって車の往来をブロックした。軽食を配り、待っている運転手のイライラを和らげる活動家もいた。そして翌十月、動員のうねりは、いまや海の波が規則的なリズムで防波堤に打ちつけるようにして生じていく。XRはベルリン都心部で交差点を複数占拠した。ペンギンやトラ、クマに扮した活動家もいれば、ジャグリングをしたり、ヴィーガンのスープを配ったりする者もいた。しかし、私はティアガルテンやポツダム広場での抗議行動の様子をじっくり見ているうちに、数の多さを除けば、COP1のときの行動とは似ても似つかないものであることに気がついた。政治ではもちろん数がすべてだ。一人の労働者が職場に行かずに家にいるならサボりだが、千人ならストライキだ。グレタ一人はストックホルムに住む一人の少女だが、百万人の少女と少年は侮れない力である。二〇一九年後半にベルリンでスムーズな往来を妨害したテントやピクニックには、数百人ではなく数千人が参加した。XRはまさに爆発的な

マルメで 2019 年夏に行われたアクション

成長を遂げており、現時点で世界中に四百八十五の支部が設立されている。「秋の蜂起」は、シドニーで日の出とともに——XRの参加者（「反逆（レベリオン）」に加わるので「反逆者（レベル）」を名乗る）たちが詩情たっぷりに報告したように——幕を開け、次にヨーロッパや北米の都市部で開始された。同じ砂時計のロゴ、スローガン、日常的な行為をあえて妨げる行動が、まるで上手に振り付けられたダンスのように、グローバルノースの都心部でスポットライトを浴びていったのだ。

二〇一九年九月下旬に「未来のための金曜日」の盛り上がりが再び最高潮に達しても、成長曲線は鈍化しなかった。ある金曜日には四百万人が参加すると、その次の金曜日には再び二百万人が参加した。南極を含む（気候研究者が仕事を中断した）六大陸すべての計四千五百カ所で抗議行動が起きた。行動の規模はさまざまだ。ベラルーシのミンスクに住む若い女性は一人でストをした。アンゴラのルアンダでは制服姿の子ども五万人が街を練り歩いた。低海抜の島嶼国キリバスの学生たちが唱えたスローガンは「私たちは沈んでいるのではなく、闘っている」だった。しかし、動員の震源地はドイツだった。九月二十日には世界全体のスト参加者の三分の一以上がドイツに住んでいた。大人の割合が高く、労働組合からの参加もあった。

グローバルノースの各地で、運動が質的に飛躍し、大衆的な現象へと変わったように思われる。今度のサイクルは、外からの衝撃——ペルシャ湾岸での戦争や新たな金融危機——やつまずきのせいで、過去二度のように不名誉な結末を迎えうるが、動員のピークを示すサインはまだない。拡大が続く可能性があり、今回はおそらく高いレベルへと進化したのだ。それは何よりも問題そのものがそうした軌跡をたどったからである。このサイクルが終息することはないだろう。

気候運動が単体として、グローバルノースで最もダイナミックな社会運動となったのは初めてだった。その代名詞は、若者が主体となった、喜びや高揚感、尊敬に満ちた、整然としたデモである。しかし、一連の出来事にはどことなく暗さも感じられた。こみ上げるような激しい怒りだ。グレタ・トゥーンベリがそれを体現している。トゥーンベリの影が、気候崩壊の中心にある世代間不正義の象徴として、数百万もの若者につきまとっていた。トゥーンベリは歯に衣着せぬ言い方で、世界の指導者たちの消極的な姿勢を叱責する。「排出を止める必要があるということは、それを止める義務があるということです」。トゥーンベリは議論の余地を残さず、有無を言わさない論理をつねに突きつける。「にもかかわらず、あなたがたは誰ひとりとして、危機の渦中にあるかのような行動を取っていないのです[12]」。トゥーンベリは休む間もなくあちこちを訪れる。「未来のための金曜日」のデモ、XRによる封鎖、ブナやオークの木立があるハンバッハの森——所有企業が伐採を計画するドイツ西部の褐炭鉱の際にある原生林——、そしてホワイトハウスの芝生。二〇一九年九月の国連気候行動サミットに先立ってニューヨークの国連本部に到着したトゥーンベリは、怒りで涙ぐみながら訴えた。「よくもそんなことを！　あなたたちは空っぽの言葉を並べ、私の夢と子ども時代を奪いました。それでもまだ私は恵まれたほうです。人びとは苦しんでいます。死に瀕しているのです[13]」。いまだ金と経済成長しか口にしない聴衆を非難したトゥーンベリは、いつにも増して不吉な言葉で演説を締めくくった。「若者たちはあなたたちの裏切りに気づき始めています。将来のある、あらゆる人びとがあなたたちに注目しています。

ハンバッハの森に築かれたバリケード（2018 年 10 月）
(cc) Tetz Hakoda

皆さんが期待をあえて裏切ろうものなら、私たちは決して許しません」――「あなたたちがどう思うかにかかわらず、変化が訪れているのです」。コメンテーターの一部はトーンの変化を指摘した。トゥーンベリの故郷スウェーデンでは、街頭で自分たちの未来を守れと訴える数百万人が再び失望するようなことがあれば、「世界がかつて経験したことのないような怒りが解き放たれるだろう」と警告する者もいたのである。[14]

*

二十一世紀にこれまで生じた三つの運動サイクルはすべて、ますます大きく共有されるようになる一つの直感から生じている――支配階級が説得にまともに応じて行動するようなことはないだろう、というものだ。連中が容易に説き伏せられるわけはない。警告音が高鳴れば高鳴るほど、かれらは急いでより多くを火にくべる。かれらに変化を強いる必要があることははっきりしている。運動は、物事の普段どおりの進行（ビジネス・アズ・ユージュアル）を妨害するすべを学ばなければならない。そのために素晴らしいレパートリーが開発されている。封鎖（ブロック）、占拠（オキュパイ）、座り込み抗議（シット・イン）、ダイベストメント、学校ストライキ、都心封鎖、気候キャンプで用いられる合図を使った戦術などだ。新たなサイクルはそれまでのサイクルを土台とし、そこから学びを得ている。第二サイクルが終わりに向かっていたとき、北米の反パイプライン闘争に強く触発され、ドイツの運動はマンネリ気味だった気候キャンプのやり方を一から作り直し、大衆的な抵抗運動を一段高いレベルに引き上げた。エンデ・ゲレンデ（Ende Gelände）――「〔炭鉱は〕もうここで終わり」という意味――の誕生である。

　エンデ・ゲレンデでは、活動家たちはサーカス用の大テントとキッチンのある中央エリアの周りに自分たちのテントを張る。[15]そしてアフィニティグループ〔少数の活動家で作る集団。内部に指揮命令関係はなく、話し合いによる民主的な意思決定に基づいて判断を下し、行動する〕単位でトレーニングを受け、フードつきの白い化繊のつなぎ〔素材は同じではないが日本でいう雨合羽のようなもの。エンデ・ゲレンデはそのルーツを、一九九〇年代のイタリア議会外左翼の運動トゥーテ・ビアンケ（Tute Bianche）のほか、近年のドイツでの反核、反炭鉱運動での着用例などに求めている〕を着て褐炭鉱を目指す。複数の方向から梯団（フィンガー）〔指に色を塗って全体をいくつかの梯団に分けるのでこう呼ばれる〕単位で対象に接近していき、数を頼みにして警察の阻止線を突破、あっけにとられる警官隊を抜き去り、放水やフェンスをかいくぐって露天掘り鉱山にたどり着く。これがかれらの十八番だ。そして地表が掘削されることですり鉢状になっている炭鉱の縁から底めがけて駆け下りていき、地面にある機械――地面をゆっくり呑み込むようにして掘り進んでいく、仰ぎ見るほどに〔全長百メートルを超えるものもある〕巨大な、錆のついた船のような巨大堀削機（バガー）――によじ登ったり、褐炭を火力発電所に輸送する貨物専用軌道に寝そべり座りこんだりする。褐炭生産が数日にわたって停止することもある。活動家たちが敷地に居座っているあいだは、燃料を採掘することも燃やすこともできない。ヨーロッパ気候闘争の最も先進的な段階を形成しているといっても過言ではないエンデ・ゲレンデは、毎年の闘争を重ねるたびに大きくなっていった。二〇一九年の夏には、六千人がドイツ最大の排出源を閉鎖させた。キャンプには数千人が集い、未来のための金曜日のデモに参加した約四万人とともに前線の人びとを後押した。この行動に至るまでに、エンデ・ゲレンデは褐炭問題をドイツ国内の議論における最重要課題へと押し上げるとともに、連邦石炭委員会〔成長・構造改革・雇用委員会〕に褐炭利用の段階的停止の期限を定めるよう求めた。そして最終的に二〇三八年が期限と定められた。つまり、あと二十年は大規模な石炭生産が続くことになっている。これを受けてエンデ・ゲレンデは活動を続けスケールを増すとともに、ヨーロッパ全域で同様の組織を生み出すと宣言した。二〇一九年には、ポーランドからポルトガルまで数十の気候キャンプが開催されている。学習曲線は着実に上向きに基調である。

今見たように、運動のサイクルは振り出しに戻ったというよりは、気候危機そのもののように、一つ一つが折り重なり、全体として上向きのらせんを描いている。アメリカとヨーロッパの取り組みは互いの経験に学んでいる――英国の大学にダイベストメントが導入され、グレタ・トゥーンベリはニューヨークに船で向かった。また指導的な人びとには豊富な経験が蓄積されている。ここには「小さな勝利」もある――こっちでガスパイプライン計画が中止になり、あっちで石炭火力発電所が廃止になった――一方で、大きな敗北もあったが、それがかえって運動の拡大を支えているようだ。化石燃料が燃えさかっていることを知り、ますます多くの人びとが活動に身を投じているがためだ。しかし、これまでのところ、気候運動はある種の行動には及んでいない。攻撃的な（あるいはもっと言うなら防衛的な）物理力の行使である。暴力に分類されるような行動はすべて慎重かつ徹底的に避けられてきた。実際、絶対非暴力へのコミットメントはそれまでのサイクルを経て強固になっているように見える。絶対非暴力の倫理は普遍的なものとして内面化され、規律は著しく徹底されているのだ。

例を挙げよう。二〇一八年八月下旬、オランダ・フローニンゲン州のガスタンク七基がある敷地の外に七百人ほどの活動家が集まった。ヨーロッパ最大の陸上ガス田があるこの地域は長年にわたって群発地震に見舞われてきた。ガス採掘によって地下での圧力の急激な上昇と地盤沈下とが誘発されているからだ。民家や建物が被害に見舞われ、地元住民は神経をすり減らしている。私たちは備蓄施設の目の前に即席のキャンプを設営し、交通を遮断した。警察はゲートと私たちのあいだにある鉄道軌道に沿って展開した。線路の下には砂利が敷き詰められている。夕暮れになると、約三百人の農民が、ガス採掘を手がけるシェル社とエクソン社への抗議デモを行い、ついにキャンプまでやってきた。大勢の人びとが線路にあふれている。すると警察は私たちめがけて警棒を振りかざし、ペッパースプレー〔警察など治安部隊がよく用いる催涙スプレーの一種。吹きかけられると唐辛子由来成分（カプサイシン）の強い刺激で一定時間視界が奪われたり、呼吸困難になったりすることもある〕を使い始めた。その場に倒れて連行される人もいれば、痛みに悲鳴を上げる人もいた。しかし投石は一切なかった。投げるものはいくらでもあった——足下にそれこそ数千という石が転がっていたから、警察に投げることもできた。[★1] そうした攻撃に出れば、ほかの人びともそれに応じて同じ行動を取っただろう。気候運動の側はそうしようとはしなかったのである。

暴力への厳しい批判は財物（プロパティ）〔以下、文脈に応じて物、資本、資産などとも訳す〕の破壊も対象とするようになっている。フローニンゲンでは、参加者全員に遵守義務がある「アクションコンセンサス」で「機械やインフラを破壊しない」ことが厳粛に誓われていた。翌年、スウェーデンで初

ノイラート発電所前の軌道占拠（2019 年 6 月）
(cc) Leonhard Lenz

ハンバッハでの軌道占拠（2018 年 10 月）
(cc) Tetz Hakoda

掘削機のベルトコンベアの占拠（2016 年 5 月）
(cc) Rikuti

めてエンデ・ゲレンデにならった行動が、第二の都市ヨーテボリで行われた。抗議対象としたガスターミナルの建設計画は、ヨーロッパ全域に展開する化石燃料燃焼のための真新しいインフラプロジェクトの一部だ。このターミナルを設計したスウェデガス社は、同種の施設をスウェーデン沿岸にさらに八カ所建設する計画を持っていた。液化ガスは世界中から輸入されるとパイプライン網を通じて国内に輸送され、国際的な投資家の連合体に利益をもたらすことになる。それで私たちは白いつなぎに身を包み、ヨーテボリ港に向かった。三つの梯団(フィンガー)からなる五百人――半ば眠ったように大人しいこの国の近代史で最大の市民的不服従行動――は、石油とガスを運ぶタンクローリーを丸一日一台も通過させなかったのだ。アクションコンセンサスには「私たちは冷静かつ慎重に行動する」と記された。そして「インフラへの破壊やダメージが私たちの目的ではない」と定めた。私たちはアスファルトに座り込んで一日を過ごした。これまでのところ、悪化の一途をたどる気候破局(カタストロフィ)を防ごうとする運動は行儀のよい＝市民的(シヴィル)なものだった。極端に言えば穏やかで大人しかったのである。

　こうしたスタイルがうまく機能していることは間違いない。こうすることで運動は周知の戦術的優位性をいくつも獲得している。もしもブラックブロックふうの戦術を最初から展開していたなら――身元が割れないように覆面をし、ショーウィンドウを叩き割り、バリケードを燃やして、警察と徹底的にやり合ったとしたなら――、これだけの人が集まることは絶対になかっただろう。平和的(ピースフル)〔非暴力〕であることが保証されているからこそ、物事が普段通り(ビジネス・アズ・ユージュアル)に行われていることを妨げる行動に大きな抵抗を感じずに参加できるのだ。フローニンゲンでは占拠していた軌道上で警官隊に殴られたために、私たちはオランダのマスコミの同情を集めた。テロリスト呼ばわりされて中傷されるようなことは一切なかった。もしヨーテボリで数人の仲間がフェンスを押し倒そうとしたり、タンクローリーにパチンコで何かをぶつけたりでもしていたら、現場は大混乱となっていただろう。私たちは一網打尽となり、留置場行きとなったところだ。私だって子ども二人を現場に連れてきて、そこで何時間も一緒に遊ぶようなことはできなかった。集団的な自己規律――作戦指揮のガイドラインに従うこと、打合せどおりに行動すること――は美徳である。こうしたタイプの大衆行動をずっと大規模に、かつ大胆に展開することで、平然となされる企業活動（ビジネス・アズ・ユージュアル）への異議申立てをスケールアップしていこうという運動側の決意に疑いを挟む余地はない。エンデ・ゲレンデが百カ所でキャンプを展開して盛り上がれば、化石資本にはほんとうの圧力となるだろう。

しかし、疑いを挟みうるのはそれとは別のことだ。絶対非暴力こそが唯一の方法であって、化石燃料の廃止に向けた闘いにおいて、永久に許容されるたった一つの戦術なのだろうか？　この敵と対決するにはそれで本当に十分なのだろうか？　安全な場所に到達するためには、オデュッセウスよろしくみずからをマストに縛り付け、誘惑にあらがわなければならないのだろうか？　この問いは別の形でも言い表すことができる。第三サイクルの大衆動員が無視できない規模になったところを想像してみよう。支配階級は運動の高まる熱気にさらされることで――おそらくその心持ちは、子どもたちが手書きのプラカードを掲げる姿を目にすることで多少は和らいですらいるかもしれない――、その頑迷さは衰えている。新しい政治家が、とくにヨーロッパ各国の

コードロードによるフローニンゲン州での抗議行動（2018 年 8 月）

緑の党から議会入りして選挙公約を果たす。下からの圧力がゆるむことはない。新規の化石燃料インフラは建設が見合わされる。ドイツは石炭生産の段階的停止に即時に着手し、オランダではガスに、ノルウェーでは石油に、米国ではそれらすべてに同じ措置がなされる。年率最低十%の排出量削減を目指す法律と計画が実施される。再生可能エネルギーと公共交通機関が拡充され、植物ベースの食料品が推奨され、化石燃料の包括的禁止が準備される。運動にはこのシナリオを追求する機会を与えられるべきだ。

しかし、別のシナリオを想像してみよう。数年後、トゥーンベリ世代の子どもたちや私たちがある朝目覚めると、旧態依然とした(ビジネス・アズ・ユージュアル)やり方がいまだに続いている。あれだけストライキが行われ、科学的な知見が示され、要請がなされ、カラフルな衣装や横断幕で何百万人がデモしたにもかかわらずだ——このシナリオは想像の範疇を超えているわけではない。グリスの効いた車輪が相変わらずの速さで回っているところを想像してみよう。そうなったらどうすればよいのか？　できる限りのことをしてきたし、可能な方法はすべて試したが、それでも失敗したと言うのだろうか？　私たちが他にできることと言えば、死ぬ方法を学ぶことなのだ——そんな立場を提唱する人びとはすでにいる——という結論に至り、滑り落ちるようにして三℃、四℃、八℃という気温上昇を迎えるのだろうか？　それとも、平和的な抗議を超えた異なるフェーズが存在するのだろうか？

＊

一方、現存する資本主義世界経済では、気候運動の大きなうねりと並行するように、燃焼炉の新造に資金が流れていた。二〇一九年五月、ロンドンでXRが「春の蜂起」に取り組んでから数週間後、国際エネルギー機関（IEA）は、エネルギー業界の投資動向を扱った年次報告書を発表した。[16]資本家はどのエネルギー源に期待すべきかを心得ていた。二〇一八年にエネルギー生産事業に投入された資本のうち三分の二が石油、ガス、石炭に――つまり、これらの燃料を採掘・燃焼する施設を、すでに世界中に拡散しているものに追加するかたちで――投入されたのに対し、風力や太陽に投入された資本は三分の一以下だった。再生可能エネルギーのシェアが伸びる傾向はない。実際、世界の再エネ投資は一％減少した（価格下落の影響はない）。一方、石炭への投資は二〇一二年以来初めて二％の増加に転じた――つまり、新たな石炭供給への投資は継続しただけでなく、石油やガスほどではないとはいえ、増加したのである。三年連続で、「川上」の石油とガス、つまり地中から燃料を産出するインフラに投じられた資金は六％増加した――ドリル、油井やガス井、リグ（海洋掘削装置）への新規投資が年六％ずつ増えているのである。探鉱への投資だけでも二〇一九年には十八％増加する見込みだ。化石燃料は再び燃え出したのである。

IEAは前方にきらめく財宝を見ていた。エクソンモービル社は、ブラジルとガイアナ沖の新規深海油田で三十％を超える利益を見込んだ。事業の財務状況は依然として明るい。天然ガス・ブームが訪れ、「新たなパイプライン」が必要とされた。「テキサス州と主要採掘地パーミアン盆地が新たなパイプライン開発の震源地である」。しかし、パイプラインという鋼鉄の蛇は他の大陸のあちこちの草むらでも素早く這い回り、ガスという可燃性の呼気はスウェーデンにまで達しようとしていた。現在進行中の資本蓄積の地平線のどこを見渡しても、化石燃料から再生可能エネルギーへの移行は視界に入ってこない（再エネの方が「一貫して安価」であるにもかかわらずだ。億万長者御用達の三流誌フォーブスがそう指摘している）[17]。IEAは、最大一・五℃または二℃までに地球温暖化を抑制するという目標を「達成する道筋と、現在のトレンドとのミスマッチの拡大」[18]について如才なく記していた。言い換えれば、資本主義世界経済は、地球が燃えており、のっぴきならない状態にあるという感覚や科学的知見とはまったく切れたままで――地球を冷やしたいというあらゆる願いとの隔絶は言うまでもない――作動しているのだ。しかもそのギャップは拡大している、いるのである。

XRの「秋の反乱」に合わせてガーディアン紙は連載を組み、化石資本がいったいどれほどの量の石油を燃やす用意があるのかを明らかにした。石油企業世界上位五十社は市場供給量を増やす手はずを整えていた[19]。とくに積極的な計画を立てているのはシェルとエクソンモービルの二社で、二〇三〇年までにそれぞれ三十八％と三十五％の増産を計画している。これに続くのが、BP社（ブリティッシュ・ペトロリアム）の二十％、トタル社の十二％だ。こうした蓄積回路は、金融資本と密接に関わりあっている。ガーディアン紙でも明らかにされているように、世界三大資産運用会社は中国のGDPを上回る資産を保有しており、石油、ガス、石炭への資金供給を加速度的に続けている[20]。科学からの助言に、あるいは人びとや地球のニーズにこれ以上背くものなどないだろう。

こうした傾向は、二〇一〇年代後半にたまたま生じたものではなかった。二〇一九年秋、同丹（Dang Tong）を筆頭筆者とするカリフォルニアと北京の研究チームは、世界の投資動向の概要をネイチャー誌に発表した。論文はまず一・五℃または二℃までの温暖化抑制というオフィシャルな野心的目標を適切に繰り返す。「しかし、この数十年間は、歴史的にみて耐久性のある、化石燃料ベースのエネルギー・インフラが前例のない規模で拡大している」と指摘した上で、このミスマッチを診断する。実際、「世界にある化石燃料ベースの発電設備の建設年の浅さは目を見張るほど」であり、現在の発電容量の四十九％以上にあたる部分が、COP10開催年である二〇〇四年以降に操業開始したものなのだ。[21] これまで何度か盛り上がりを見せてはきたが、気候運動はらせんのように上昇するこの動きに影響を及ぼせずにいる。全体として見ると、運動は敵と物理的に接触してこなかった——もちろん、その主な理由は、両者のあいだに位置する国家が化石資本をかばいだてし、拡大再生産に必要なあらゆるものを細心の注意を払って提供してきたせいだ。それだけではない。民間資本家と資本主義国家は往々にして見分けがつかなくなっており、後者は前者とまったく同じように振る舞い、投資を行っているのである。

化石燃料を燃やす設備ができあがっていくさまは、レンガを積み上げるようにして暖炉がひとりでに築かれていくかのようだ。[22] 投資家が石炭火力発電所やパイプラインといった設備をいったん建設してしまったら、それを解体したいとは思わないだろう。完成の暁に解体となれば、経済的には大打撃だからだ。深海油田のような設備が原油（ブラック・ゴールド）を汲み上げるには多額の資本を投じることになり、初期投資の回収にはある程度の時間が必ずかかる。このためいったん利益が出るようになると、設備をできるだけ長く稼働させておくことが所有者にとって不変の関心事となる。設備廃棄は不可能ではないが、単に損失が生じるだけだ。このような理由——技術的ではなく経済的な理由——から、化石燃料を用いる発電設備の予定寿命は四十年程度とされる。二〇二〇年に建設されたプラントやパイプラインは、投資家の観点によれば二〇六〇年にもまだ稼働していることが望ましい。スウェデガス社は、この年になってもまだ建設が終わらないターミナルからスウェーデンにガスを送ることを計画していた。石炭火力発電所の寿命はもっと長く、六十年かそれ以上になることもしばしばだ。世界最大の石炭輸出国オーストラリアは、インドなど各地の新設発電所への輸出向けに炭鉱開発を継続している。その代表格は北東部クイーンズランド州でインドの新興財閥アダニ・グループが開発する巨大なカーマイケル炭鉱だが、別の企業はさらに四倍大きい炭鉱の開発を申請中だ。[★2] 世界にはこうした計画がごまんとある。したがって科学者たちは「約束された排出量(コミッテッド)」——インフラストラクチャが予定寿命まで運用された場合に想定される二酸化炭素排出量——を計算できる。この分野への資本投入量が増えるほど、約束排出量は増加することになる（また、これまでどおりの企業活動(ビジネス・アズ・ユージュアル)を守る利害が強くなるほど、化石燃料から得られる利益の総量が大きくなるほど、再投資される資金が増えるほど…）。

　約束された排出量は正確にはどのくらいなのか？　同円の研究チームの推計では、稼働済発電所からの排出量だけで——採取、輸送、森林破壊からのものを除いても——、一・五℃以上の温度上昇がもたらされる。計画中の発電所と組み合わせると、二℃以下に留まる可能性はまだ残されてはいるが、予定された排出枠をほぼ使い切ることになる。二〇一八年の別の研究によれば、稼働中の発電所からの約束排出量では一・五℃も二℃も上回ることになり、さまざまな計画段階にある発電所からは、この約束排出量とほぼ同量が追加的に排出される。[23] さらに別の研究では、現存および計画中の石炭燃焼設備だけで、二℃目標のカーボンバジェットをオーバーするとの結果もある。[24] こうした将来予測に従っているものがまさに進行中（イン・ザ・パイプライン）なのである。

　資本家たちはどういうつもりでこんなやり方を続けていられるのだろうか？　石炭にかんする研究によれば、「現在の投資動向は［中略］、投資家が今後の気候政策を本当にそうなると思っていないことの、あるいは自分たちのロビイング能力に自信があることの表れ」と見られる。[25] かれらはいまだ世界が自分たちの手中にあると考えているのだ。これだけの規模の固定資本はふつうリスクを伴っており、予想される「政策上の文脈[26]」にかなりの影響を受ける。額の大きさからすれば、経済の変動や変化の行方次第では、清算はおろか早期の価値切り下げも生じかねない以上、こうした投資をすることが無謀ということになるだろう。だが化石燃料に投資する資本家たちの視界には、自分たちに向かってくる解体用の巨大な鉄球は一つもない。恐れることはなにもないと考えているのだ。

*

　気候運動の参加者の多くやそこに連なる知識人の大半は、絶対非暴力を超えたところに別のステージがあるなどと考えたら背筋を寒くすることだろう。それはある特定の教え（ドクトリン）が定着しているせいだ。平和主義(パシフィズム)というイズムである。これには主に二つの形がある。[27] 倫理的平和主義〔以下の議論ではいわゆる絶対的平和主義が念頭にある〕によれば暴力を振るうことはつねに間違いだ。ここから奇妙な結果が生じる。二〇一九年八月、ノルウェーの首都オスロの法廷に一人の青年が現れた。目の周りにスキー用ゴーグルのような濃い紫のあざ、顔中にはひっかいた痕があり、傷は首にまで及んでいた――手荒に取り押さえられたことは一目瞭然だ。前日、この男はショットガン二丁と拳銃一丁を手にモスクに入ると、祈禱室めがけて発砲を始めた。ニュージーランドのクライストチャーチのモスク〔死者五十一人〕や、米テキサス州エルパソのショッピングモール〔死者二十二人〕での最近の虐殺事件に触発され、礼拝参加者――白色人種への「脅威」なるものを体現する人びと――をできるだけ多く殺そうとしたのだ。しかし最初の引き金が引かれた直後、南アジアの民族衣装サルワール・カミーズを着て、豊かな白いあごひげを蓄えた六十五歳のモハメド・ラフィック氏がこの襲撃犯に飛びかかった。男を地面に叩きつけ、取っ組み合いを演じた。目を潰そうとする男の腕をはねのけて、武器を蹴り散らした。そして警察が到着するまで羽交い締めにしたのである。

虐殺は阻止された。[28] しかし、言うまでもなく、ラフィック氏はこの乱闘でかなりの対人暴力を行使している。それは平和主義からの堕落を意味することになるだろう。倫理的平和主義者なら、ラフィック氏はそうした手段に及ぶべきではなかったと言うだろう。その主張によれば、生命こそが最優先事項であり、暴力によって生命を終わらせることは忌み嫌われるのだが、生命を救い、暴力を減らす防御行為は、それが能動的な物理的な力を含む限りは許容されない。この議論には欠陥があるように思われる。[29] また忌むべきほかない悪に対してアプリオリに屈服しているようにも見える。罪のない人びとの命をできるだけ多く奪うことへの揺るぎない意志をもつ主体――たとえば、ファシストの大量殺人者――は、非暴力を志す従順な反対派にとって誰よりも受け入れがたい存在だろう。実際、平和主義の教訓が、苦難や残虐行為への降伏を熱心に勧めているように見えることは少なくない。

倫理的平和主義者はこの種の反論に「なるほど。暴力が受け入れられなければならないときもある」と応じることができる。そしてそのときに、もちろん平和主義者は平和主義者であることを止めて、他の人びとと同じになる。今挙げたファシストを除けば、暴力と戦争が本質的な善だと考える人は皆無に近い。おおよそだれもが、特定の場合にのみ正当化されうる明らかな悪事として暴力と戦争を捉えており、その上でそうした場合とはどのような場合であるのかとか、そうした場合どうしの共通点はどこにあるかなどをめぐって見解が分かれていく。倫理的立場として「条件付き（コンティンジェント）平和主義」や「相対的（レラティヴ）平和主義」などというものはありえない。[30] 例外を設ける平和主義者は正戦論者だ。しかし、前者にはまた別の反応がありうる――悪を打ち負かそうとせず、自分に降りかからせておくことにはそれ自体の価値がある、というものだ。倫理的平和主義者は「自分の子どもにかかわることならどうなのか?」とか「第二次世界大戦ならどうなのか?」といったありふれた切り返しには、先回りしてみずからを守るすべを心得ている。神聖な場所に隠れるのだ。はっきりとあるいは漠然と、こうした人びとは自己犠牲や磔刑といった宗教的信仰に――正確に言えば、信仰についての特定の解釈に――支えられた犠牲的な行いを尊ぶ。こうした立場からすれば、モハメド・ラフィック氏の振る舞いは、襲撃者が祈禱室に乱入してきたときに床にそのまま座っていたほうがより道徳的だったということになるだろう。

ビル・マッキベンの教えには倫理的平和主義の痕跡がある。気候運動の第一サイクルには指導者も表看板もなかったが、第二サイクルにはマッキベンがいた。疲れ知らずのオーガナイザー、聞く者の心を動かす講演者で、十冊を超えるエッセイのほか、小説や自伝、無数の刺激的な論説も著す多作な書き手でもある。有機的知識人で次から次へと草の根キャンペーンを手品よろしく編み出すマッキベンは、キーストーンXLパイプライン反対運動、ダイベストメントキャンペーン、そして350.org——第二サイクルと第三サイクルにまたがる世界的なネットワーク——の立役者だった。そして第二サイクルの終わりには「世界をリードする気候運動家」[31]と呼ばれていた。

マッキベンは非暴力について「その核心には宗教的（スピリチュアル）な洞察がある」と述べている。その洞察とは「〈叩かれていない〉もう一方の頬を向けること、みずから招かざる苦難を引き受けるという思想」だ[32]。傍点を付したほうは、マーティン・ルーサー・キング・ジュニアから借用したお気に入りのたとえである[33]。キング牧師の格言によれば「みずから招かざる苦難は贖罪的である〈救いをもたらす〉」。この神学の信奉者でなければ、おそらく理解しがたい考え方だろう。みずから招かざる苦難を引き受けることがなぜ高貴なのか？ 悪に立ち向かうという主張はここで、いわば滝で洗礼をするようにして、悪を引き受けることへの霊的喜びに転じているようだ。さらに問題なのは、こうした行いがどうやったら気候破局（カタストロフィ）がもたらす不正義に立ち向かう前提になりうるかだ。マッキベンがみずから招かざる苦難をどうしても引き受けたいのなら、ドミニカの市民権を申請し、バナナ農場を作って、次のハリケーンが来るのを待つがよい。もし自分以外の他者のために、みずから招かざる苦難で贖いたいのなら——おそらくこの方がより寛大な態度だと思うが——、地球温暖化をそのままにしておくことが最も生産的だろうことは間違いない。マッキベンがこうした結論に至っていないことは、もちろんその評判にたがわないところなのだが、みずから招かざる苦難を神聖化することは、少なくとも、この闘いを支える土台としては安定さを欠いているように思える。犠牲者が味わうみずから招かざる苦難こそ、進行中の危機をめぐってあれほど道徳的に嫌悪されているものではないのだろうか？　だとしたら、なぜそれを美徳とするのか？

　しかし倫理的平和主義の自己矛盾から抜け出したところには、平和主義の第二のバージョンがある。戦略的平和主義だ。[34]この考え方によれば、社会運動による暴力は運動を目標から必ず遠ざけてしまう。暴力的な方法に訴えることは誤謬というよりも、軽率で効果を生まず非生産的である——つまりよろしくない戦略なのだ。非暴力は美徳としてよりも、優れた手段として崇められている。倫理を源泉とし、出所が倫理であることで目立ってはいるが、この戦略的原則（ドクトリン）こそが運動の想像力を引きつけている。マッキベンは現在、非暴力を好んで道具になぞらえる。「テクノロジー」や「テクニック」、はたまた二十世紀最大の「イノベーション」であるという。もう一方の頬を差し出すのは、なによりも「戦術的に優れた選択」なのだ。[35]しかし、まさにＸＲこそがこの教えを最も厳密にまとめあげている。ＸＲ自身の説明によれば、この運動は英国で少人数のグループが図書館通いをするところから始まった。文字通りの破滅に恐怖を感じたかれらは、権力者の行動を変えるための実用的な戦略を探していた。そこで見つけたのが「市民的抵抗モデル」だったのだ。[36] XRの公式ハンドブックでは、共同創設者でイデオローグのロジャー・ハラムがその信条を詳しく語っている。

妨害行動(ディスラプション)には二種類ある。暴力的なものと非暴力的なものだ。暴力は昔ながらの方法だ。暴力は耳目を引き、混乱を生じさせ、妨害を行うことには優れている。しかし、進歩への変化を作り出そうというときには、悲惨な結果を招きがちだ。暴力は民主主義を破壊するとともに、社会紛争を平和的に解決する上で欠かせない敵対者との関係を壊してしまう。この点にかんする社会科学の知見は実に明快だ。暴力は成功と進歩をもたらすような成果を導くチャンスを最適化はしない。実際、暴力はほとんど決まってファシズムと権威主義をもたらす。だからこそ、暴力のオルタナティブとして非暴力があるのだ。

地球温暖化は人間行動がもたらしたものだという科学的コンセンサスがあるように、社会科学と歴史学の総体――「ありとあらゆる研究」――は明確な教訓を提示している。「非暴力を実践するほうが成功の可能性は高い」。ここから導かれるのは、差し迫る絶滅(エクスティンクション)に反対する大衆動員は「非暴力であり続けなければならない」という原則だ。「暴力の混入を許したとたん、あらゆる成功した大衆動員の土台にある多様性とコミュニティという基盤はたちまち破壊される」。非暴力という命令の完全遵守こそが「すべての参加者が真っ先に守るべきルール」なり。

XRの参加者は警察に花を捧げるよう指示されている。マッキベンはといえば、規律の底が抜けて「冒険主義者」が運動を台無しにしてしまわないかと気を揉んでいる。[37] 非暴力の純粋さと独占を保ってこそ、運動には勝算があるというわけだ。

このような戦略的平和主義は、信仰ではなく、歴史についての一定の読み方から引き出される。戦略的平和主義は、過去の闘争を引き合いに出してグローバルノースの気候運動を盛り上げている。ある学者は、気候運動のビジョンを特徴づける「比較の試みがこれまでにないかたちで活発化」していると指摘する。[38] 過去の事例――望みが薄かったにもかかわらず人びとが勝利したり、巨大な悪がたちまち打倒されたりした事例――への関心が急速に高まっている。無気力の壁を打ち破ってくれるような前例だ。あれで勝てたのなら私たちにもできる。かれらが暴力的なものを除くあらゆる手段で世界を変えたのだから、私たちも暴力は控えなければならない。アナロジー主体の議論が論争をリードし、戦略的思考の主たる典拠となる。XRという、みずからを歴史研究の所産だと定義する珍しい組織にはこの傾向がほんとうに鮮明だ。ただし、そこでの主張とは、暴力をいまこの時に用いてはまずいだろうというものではない。たとえば、グローバルノースでは階級闘争がきわめて低調なので、冒険主義的な行動はかえって逆効果となり、さらなる弾圧を招くだけだろう――こうした〔階級闘争や冒険主義という〕表現をXRが口にすることはまずありえない――といった話ではない。また、熾烈な弾圧下でのみ、暴力はよいとは限らないとしても、有用ではありうるという話でもない。そうではなく、アナロジーに基づく戦略的平和主義は、暴力はいかなる状況であれ悪であり、そのことは歴史によって証明済みだと説く。非暴力こそが成功をもたらすというわけだ。

　歴史的アナロジーのリストの筆頭にあるのは奴隷制だ。[39]もし奴隷制廃止論者たちが、ボイコットや大規模な集会、不正への激しい糾弾などをつうじて、近代経済の自然な一部としてあれほど長いこと自明視されてきたこの悪質な制度を覆すことができたのだとすれば、私たちもそれにならうことになるだろう。私たちとまったく同じように、当時の人びとも最初は奇人変人で、道理をわきまえないせっかちな過激派だと思われてきたが、後になって正義が勝利したのだというのである。倫理と戦略をないまぜにした論法だ。奴隷制廃止は倫理規範の書き換え――奴隷制度は経済の土台から恥ずべき行いへと変化したので、化石燃料もそうなるだろう――と見なされ、奴隷制廃止論者は倫理的な力で武装としていると見なされている。あるいは、XRやグレタ・トゥーンベリに入れあげるオックスフォード大学教授が二〇一九年にアナロジーを用いて書いたように――「反奴隷制運動は、欧米の白人がアフリカ系の人びとを財産としてではなく人として見なし始めたことで、ようやく本格化した」[40]。

　次に持ち出されるのはサフラジェットだ。当時の活動家たちは非暴力市民的不服従によって女性参政権を獲得した。XRはサフラジェットをロールモデルとして参照する。[41]二〇一九年四月にロンドン都心を封鎖した後、活動家（レベル）たちは「新たなサフラジェット」を名乗った。逮捕回数では右の出る者がいないジョージ・モンビオ〔一九六三‐。環境活動家。日本語訳された著書に『地球を冷ませ！――私たちの世界が燃えつきる前に』（日本教文社）がある〕は、サフラジェットをXRがリサーチした歴史から引き出される教訓例として挙げたうえで、「人類がこれまでに直面したなかで最大の苦境」に当てはめている。[42] しかし、誰よりも気高く狡猾なのはガンジーだった。マッキベンは二十世紀の歴史を再検討し、この聖者〔ガンジーの尊称〕こそが今なお私たちに語りうる言葉をもつ二十世紀の人物なのだと締めくくる。「ガンジーによる政治以上に大きな見通しを与えてくれる政治があるとは思えない」[43]。マハトマは英国人をインドから追い出しただけでなく、「世界中の植民地主義の正当性」に独力で攻撃を開始した。ガンジーが不殺生という独自の手法でこの攻撃を完遂できたとすれば、それは現代のひな型になる。ガンジーは非暴力のアインシュタイン、「人間精神のわれらが科学者、政治的勇気のわれらが技術者」だった。[44] マッキベンは、二十一世紀初めのインド旅行から「ガンジーにとりつかれて」帰国し、気候危機に本格的に取り組もうと決意したいきさつを記している。二〇一九年、マハトマの名前が再びロンドンなどヨーロッパ諸都市の広場や交差点に浮かび上がった。米国の公民権運動も忘れてはならない。おそらく最も説得力のあるアナロジーだ。〔一九五五年十二月にモンゴメリーで始まった〕バスボイコットや〔一九六〇年二月にノースカロライナ州グリーンズボロの食堂で始まった〕ランチカウンター・シットインの記憶はいまだ鮮やかで、伝統は途切れることなく保たれ、一連の戦術はよく知られ、高い評価を受けている。[45]

そしてもっと現在に近い歴史上の出来事がある。アパルトヘイトへの勝利とともに始まる、ダイベストメント運動との関係ではとくに有名なアナロジーだ。マッキベンは「アパルトヘイトが」[46]二十世紀後半の「倫理的問題だったように、気候変動は現代の倫理的問題なのだ」と述べた上で、非白人が住む世界の周辺地域の苦難に言及し、「同種の戦術が気候変動に立ち向かうには必要なのだ」と語っている。[47] アパルトヘイトが打破されたように、化石燃料産業も打破されるだろうというわけだ。そして話はこう続く。ネルソン・マンデラが〔一九九〇年二月に〕出所したちょうどその頃、マーガレット・サッチャーが提案した人頭税への反乱が起きた〔ここで言及されているのは、ロンドン都心部で一九九〇年三月三十一日に起きた最大の抗議行動のこと。正式には「コミュニティチャージ」と呼ばれる新税の導入は一九八八年に決定された。一九八九年にはスコットランドで、一九九〇年四月からはウェールズとイングランドで実施された。一九八九年秋から全国的な反対運動が組織されている〕――XRのハンドブックはこの話題に一章を割いている。一般人が議員らに手紙を書いたり、税金の支払いを拒否したり、自分から刑務所に入ったりしたのだ――そして、セルビアでのスロボダン・ミロシェヴィッチの退陣〔二〇〇〇年十月の「ブルドーザー革命」〕。旧共産圏における「カラー・レボリューション」の一つ〕、エジプトでのタハリール広場に集まった人びとによるホスニー・ムバーラクの打倒〔二〇一一年の「一月二十五日革命」〕と続く。こうしたすべてが、厳格な非暴力の倫理を気候変動を安定化へと導くうえでの王道として私たちに遺しており、運動において覇権を完全に握る戦略的平和主義を支えているのである。こうした語りをどう評価すべきだろうか?

*

包括的な評価を与えることはこの本の範囲を超えている。しかし、この聖典（カノン）の成り立ちをざっと振り返ることには意味があるだろう。奴隷制度は、良心的な白人が穏やかにこの制度を解体することによって廃止されたのではない。[48]奴隷制度を覆そうとする衝動は、もちろん奴隷にされたアフリカ人自身から生まれたものであって、かれらには非暴力的な市民的不服従という選択肢などまずありえなかった。農園でのシットインや、主人が提供する食事のボイコットをしても死期が早まっただけだったろう。逃亡奴隷（マルーン）のグラニー・ナニー（一六八六－一七－三三。ジャマイカの逃亡奴隷の反乱指導者）からナット・ターナー（一八〇〇－三一。一八三一年のヴァージニア州サザンプトンでの黒人蜂起（ナット・ターナーの反乱）を指導）に至るまで、反奴隷制の集団行動は暴力的抵抗という性格を必然的に帯びていた。最初の大規模な奴隷解放はハイチ革命（一七九一－一八〇四）で実現した――無血とはとても言えない出来事だった。思い起こせば、米国の奴隷制は南北戦争によって終結した。そしてその死者数といえば、米国がこれまでに関与してきた南北戦争以外のあらゆる武力紛争での死者総数といまだにそう変わらないのだ。奴隷制廃止の針を進めることに貢献のあった白人の奴隷制廃止運動活動家を一人挙げるとすれば、ジョン・ブラウン（一八〇〇－一八五九。一八五九年十月のハーパーズ・フェリー襲撃とその後の過程は南北戦争の開戦を早めた）である。かれは農場や武器庫を武装襲撃したのだ。「おしゃべり！　お話！　無駄話！」　ブラウンは平和主義者の奴隷廃止協会が開いたとある会議後にこう叫んだ。「そんなことで奴隷が自由になるわけがない！　我々がなすべきは行動――行動あるのみだ」。

　奴隷たちとその同盟者たちによる反撃がなければ、奴隷制は終結しなかったのではないか？　奴隷反乱が奴隷制廃止にもたらしたインパクトを軽くすることにきわめて熱心なポルトガルの歴史学者ホアン・ペドロ・マルケスは、同じ分野の専門家たちから批判の嵐にさらされている。批判者のなかでとくに著名なロビン・ブラックバーンは、奴隷制度が非倫理的である——主人は奴隷を幸福で従順な存在に描こうとするが、当の奴隷にとっては有害だ——という考え方そのものを生ましめたのは、激しい拒絶の行為だったのだと反論している。[49] 最も穏健な平和主義者であるクエーカー教徒すら、反乱こそが奴隷制という特殊な制度の恐ろしさを証明するとしている。「「奴隷制廃止時代」における反奴隷制運動には累積的な性格があった」と、ブラックバーンは言う。大農園での怒りのおののきが発する不満感と不快感が着実に高まっていたのだ。さまざまな要因があるなかで、請願行動やデモ隊、議員の取り組みが奴隷制廃止に貢献したことは確かだが、廃止へのプロセスをこうした人びとの努力に還元してしまうこと——あるいはそれらを議論の要にすること——は、ヨーガこそが人類が幸福に至る唯一の道と信じるのと同じくらい不正確なのである。

サフラジェットたちから学ぶべきことは山ほどある。[50] この運動で採用された戦術は財物破壊だった。女性参政権を認めるよう議会に辛抱強い働きかけを何十年も行ったが何の成果もなかった。そこで一九〇三年、「言葉ではなく行動」をスローガンに、女性社会政治同盟（WSPU）が設立された。五年後、二人のメンバーが初めて戦闘的な行動に出た。ダウニング街十番地（首相官邸）の窓めがけて石を投げ、窓ガラスを割ったのだ（戦闘的行為とは今日ではデモや直接行動に訴えて政治的変革を求める運動形態を指すが、OEDによれば形容詞形の「戦闘的」（militant）がこの意味で最初に使われたのは、サフラジェットの行動にかんしてだった。破壊行為としてはここで言及される投石が初めてだが、最初の「ミリタンシー」は一九〇五年にさかのぼるとされる。このとき活動家二人がマンチェスターでの選挙集会で自由党議員を直接問い詰め、警官に排除されるときに唾を吐いたとして投獄された。佐藤繭香『イギリス女性参政権運動とプロパガンダ——エドワード朝の視覚的表象と女性像』（彩流社、二〇一七年）第一章を参照）。うち一人は、警察に「今度は爆発物を持ってくるつもりだ」と告げた。国会に送った代表たちの努力が実らないことにしびれを切らしたサフラジェットたちは、すぐに「割れ窓による議論」に長けるようになり、身なりの良い女性を何百人も街中に送り込んで、通りがかりの窓を手当たり次第に叩き割った。一九一二年三月、最も集中的に行われた一斉攻撃で、エメリン・パンクハースト（一八五八‐一九二八。WSPUの中心的な設立者・活動家）は仲間とともに、宝石店や銀細工屋、ハムリーズ玩具店など数十軒の商店のショーウィンドウを叩き割り、ロンドン都心部の大半を麻痺させた。またロンドン各所の郵便ポストを燃やした。呆然としたロンドン市民の眼には、紙で一杯の柱から炎が上がるのが映った。灯油に浸した小包と火のついたマッチを投げ入れた活動家のしわざだった。市民的抵抗モデル？　むしろランチェスター・パラドックスで想定された方法のようではないか。

戦闘的行為（ミリタンシー）こそがサフラジェットのアイデンティティーの核心にあった。「なんらかのかたちで戦闘的（ミリタント）であることは倫理的義務なのです」と、パンクハーストは講演で述べた。「それは、すべての女性が自分の良心と自尊心に、自分よりも恵まれていない女性たちに、そして自分の後に続くすべての人びとに負う義務なのです」[51]。運動の全体像を描く最新の試みである、ダイアン・アトキンソンの『立て！　女たちよ！』（*Rise Up, Women!*）は、戦闘的なアクションを網羅的にリストアップする。サフラジェットたちは首相を馬車から引きずり出して胡椒をまぶし、ウィンストン・チャーチルの玄関の扇窓に石を投げ、石像や絵画にハンマーや手斧を叩きつけ、王室の行幸ルートに爆弾を仕掛け、桶や樽の側板で警官と一戦を交え、敵対する政治家に犬用のむちを手に突撃し、独房の窓ガラスを割ったのだった。一連のアクションは大衆動員と連携して実行されていた。サフラジェットたちは巨大な集会を開き、自前の出版社を経営し、ハンガーストライキを打った。非暴力的かつ戦闘的なありとあらゆる行動を展開したのである。

一九一三年初頭、憲法に則った方法で女性参政権を獲得できる望みが再び潰えたことで、運動は激化した。組織的な放火作戦では、サフラジェットは別荘、離れ、ボートハウス、ホテル、干し草の山、教会、郵便局、水道橋、劇場、そして国中のさまざまな場所を標的に放火や爆破を行った。[52] 一年半のあいだに、WSPUはこうした襲撃を三百三十七件実施したことを認めた。逮捕者は皆無に近く、死者は一人もいなかった。対象を無人の建物に限ったためだ。サファジェットたちは人を傷つけないように細心の注意を払った。しかし状況の切迫度は放火を正当化するレベルにあたると考えた――パンクハーストはこう説いている。女性参政権はきわめて緊急性の高い課題であり、「世界に対して政府と議会の信用を失墜させる必要があった。イングランドのスポーツをだいなしにしなければなりません。企業に損害を与え、貴重な財物を破壊し、社会を混乱させ、教会に恥をかかせ、決まりきった生活秩序をかく乱する必要があったのです[53]」。サフラジェットたちが実行を認めていない事件もある。ある歴史家は、当時かなり人目を引いた出来事で、石炭積み出し施設を完全に破壊した、タインサイドの石炭埠頭火災に関与したのではないかと記す。[54] しかし、当のサフラジェットたちは、火をつけたのは自動車と蒸気式ヨットだと主張している。

ガンジーはまた別の点でお門違いだ。ガンジーに模範を見いだす人は、キャサリン・ティドリックの見事な伝記を手に取っていただきたい。南アフリカ時代のガンジーは、英国人の支配者たちがボーア戦争に参加するために行進しているところを見かけると、走って追いかけ、自分や仲間のインド人たちを入隊させてくれと懇願した。[55] 数年後、英国人たちは再び地方に向けて進軍する。今度の相手は、抑圧的な税に反発して反乱を起こしたため、鞭打たれ、大量処刑によって服従を強いられるズールー人だ。ガンジーは再び従軍を志願した。ガンジーはがっかりした。一回とも担架運搬係と衛生兵の任務しか与えられなかったからだ。しかし自伝では自分もまた勝利の栄光に与っていると主張した。医療スタッフは前線の兵士と同じように戦争に欠かせない存在だというわけだ。「よく知られるようにガンジーは暴力を用いることに反対した[56]」というのが標準的なガンジー像で気候運動はこの聖者(マハトマ)に範をとるべきだと考える、ある作家はそう書いている。ほんとうにガンジーは暴力に反対していたのか? ひょっとするとボーアとズールーの逸話は若気の至りだったのだろうか?

第一次世界大戦が始まるやいなや、ガンジーはイギリス帝国に自分自身を、また自分が集められるかぎりのインド人を差し出した。一九一八年初頭、複数の運動が虐殺劇を終わらせようとして働きかけを強め、兵士たちには脱走して、将軍たちに反旗を翻すよう呼びかけていた。しかしこの時点でガンジーは、もっと多くのインド人を最前線の塹壕に投入すべきと判断していた。

「もし私めが貴殿の徴兵官長を仰せつかったら、貴殿に兵士を雨と降らせるでしょう」[57]と総督に媚を売り、すでに出征したか戦死した百万人に加えて、さらに五十万人のインド人を連れてくると約束し、熱心な志願兵を探すために地方であらゆる手を尽くした（応募者はほとんどおらず、そのことをガンジーはきわめてみじめな敗北だと考えた）。こうした徴兵キャンペーンで、聖者（マハトマ）はお粗末な論理を説き続けた。インド人が女々しく弱々しい限り、英国人から対等とは見なされず、独立は認められないだろう。男らしさと強さを取り戻すためには戦友にならなければいけない、というわけだ。ガンジーの民族解放戦略は英国人への暴力を一度も容認しなかった——これはたしかにその通りだ——が、英国人との暴力を事実として含むものだったのである。

英国人への暴力をめぐり、ガンジーは、深呼吸後に息を吐き出すのと同じくらいの確かさで大衆行動に付随すると思われた、英国の占領に反対する民衆暴力を忌み嫌った。[58]一九一九年に非暴力不服従運動（サティヤーグラハ）に着手してインド人を英国への協力拒否に参加させ、法律を一斉に破った後、ガンジーのもとには群衆が交通機関を破壊し、電信線を切断し、商店を燃やし、警察署に押し入り、警官隊を襲撃しているとの報告が頻繁に届けられた。ガンジーはそのたびに困惑し、憤慨した。同じように反ファシズム抵抗運動にも眉をひそめた。一九三八年十一月、水晶の夜（クリスタルナハト）（ナチスが組織したドイツとオーストリアのユダヤ人への大規模迫害。ユダヤ人の宗教施設や商店、住宅、墓地が破壊されたほか、数百人が殺害され、数万人が強制収容所に送られた）の数日後に、聖者（マハトマ）はドイツのユダヤ人に宛てた公開書簡で、非暴力の原則を遵守し、その結果を喜んで受け止めるよう促している。[59]「自発的に受けた苦難はかれらに内なる強さと喜びをもたらすだろう」。戦争にかんして、ヒトラーは「ユダヤ人の大虐殺」を行うかもしれないが、「もしユダヤ人の心に自発的な苦難への備えができているのなら、私が想像している虐殺ですら感謝の日に変わることができる」。なぜなら「敬虔な人びとにとって死とは恐れではない。それは喜びに満ちた眠りである」。批判を受けたガンジーは、発言の意図を説明し、補足的な議論を追加することを余儀なくされた――ユダヤ人は非暴力の技法に熟達したことはこれまで一度もなかった。もしかれらが勇気を持ってみずからの苦難を受け止めることができさえすれば、「最も非情なドイツ人の心すら溶けていくだろう」――実際、「私は懇願する。もっと多くの苦難があるように、その溶けていく様子が肉眼で見えるようになるまでより多くの苦難があるようにと」(一九三九年一月)。いずれにしても、「暴力という方法は、非暴力という方法より大きな確証をもたらしはしない。確証はずっとはるかに少ないのである」[60]。

ガンジーの哲学における非暴力の核心には性交の自制があった。「肉欲の抑制」ができてはじめて魂は貴い高みに達することになる。一九二〇年の大規模動員の過程で、ガンジーはすべてのインド人に対して次の知らせがあるまで禁欲するよう指示した。最もよいのは人類全体が交わるのをやめることだ。そうすれば種はより高潔なものへと変質するだろう、というのだ。そして、孤児院は不健全な施設であり、欲望の行き過ぎから生まれ、したがって不浄な生活に値する赤ん坊を人為的に生かしていると続けた。病院も同じく「罪を伝播させる」効果があるという。ガンジーの見解では、病気は不浄の結果であるから、それを清める作業が許されなければならない。そして同じことは異常気象や地震にもあてはまる。尋常ではない一貫性をもって、聖人(マハトマ)はこうした出来事の被害者にそれは起こるべくして起きたのだと説いた。「雨は物理的な現象だ。とはいえ間違いなく人間の幸福と不幸に関係している。もしそうだとしたら、彼の（ママ）善行と悪行と関係がないなどということがありうるだろうか？」ここに見られる現実離れ（ラビット・ホール）ぶりはかなりのものである。

ガンジーの政治的方針は生涯にわたって大きく変動したが、ティドリックの要約がいう「神聖なる救世主になりうると神によって定められた存在」という自己イメージ[61]が変わることはなかった。このような男性が気候運動のイコン——ましてや「人間精神のわれらが科学者」——として登場しうることそのものが、二十世紀から二十一世紀にかけての政治的意識がいかに後退しているかを示している。運動に歴史的な道標が必要だというなら、スーダンのマフディー〔十九世紀の対英反乱指導者〕、ノストラダムス〔十六世紀フランスの占星術師〕、ラスプーチン〔帝政ロシア末期の僧侶〕、サバタイ・ツビ〔十七世紀のユダヤ人の神秘思想家〕を選んでもよいはずだ。国民会議派が主導した大衆動員の壮観さは言うまでもない。一九三〇年の塩の行進や英当局への協力拒否は時代を超えたインスピレーションの源である。しかし、こうした運動だけで独立が達成できたとするなら、またしても歴史の半分しか見ていないのだ。インド独立への道を一八五七年の反乱から一九四六年の反乱に至るまで特徴づけるのは被抑圧階級（サバルタン）の暴力である。英国人が最終的に荷物をまとめて出て行ったときには、世界戦争が勃発して英帝国は力をそがれていた。当時の世界を席巻していたのは脱植民地化の気運である。こうした解放の過程からサティヤーグラハをあえて選んで引き継ぐことなど、現代人の願望と偏見にほかならない。アルジェリアはどうやって自由になったのか？　アンゴラは？　ギニアビサウは？　ケニアは？　ベトナムは？　アイルランドはどうだったか？

公民権運動は平和主義者の主張におあつらえ向きの事例だ。モンゴメリー・バスボイコット、ランチカウンター・シットイン、バーミンガム運動〔一九六三年〕、セルマの大行進〔一九六五年〕といった非暴力行動は、実際に南部での人種隔離に大きな打撃を与えるとともに、アフリカ系アメリカ人に対してみずからの生活を向上させる道を示し、その意識を後退できないところにまで引き上げた。さしあたっての利益と大衆参加を手に入れる戦術として、非暴力行動は、それを反射的に退ける人びと――たとえばマルコムX〔一九二五－一九六五。黒人解放運動指導者〕――がもたらすだろうものよりもはるかに大きい成果を上げた。実際、あまりにも効果的だったために、非暴力行動を銃で守ろうと決断した人びともいた。『非暴力なんて言ってたら殺されますよ』(*This Nonviolent Stuff'll Get You Killed*) で、学生非暴力調整委員会（SNCC）〔一九六〇年に結成された公民権運動の有力組織〕の地方連絡員だったチャールズ・E・コブ二世は、公民権運動が武器で守られてきた歴史を記している。[62] 深南部（ディープサウス）では、アフリカ系アメリカ人の農村部コミュニティのあいだに殺人目的の襲撃を武器で食い止める伝統が長年にわたり形成されていた。公民権運動が根を張り、具体的な成果を上げ始めると、運動もまた人命と同様の脅威にさらされた。クランズマン〔クークラックスクラン団員〕などの白人至上主義者は、夜間に運動拠点を包囲し、活動家を暗殺し、デモを待ち伏せするなどして、芽生えつつある公民権を血の海に沈めようとした。放置しておくには状況はあまりに危険すぎた。黒人たちは銃を備え、「フリーダム・ハウス」と呼ばれた運動拠点を文字通り要塞化し、SNCCや人種平等会議（CORE）〔一九四二年にシカゴで結成された公民権運動組織〕の地方連絡員に武装護衛をつけ、大規模集会への往復には武装隊列を組織した。黒人は銃を手に夜な夜なクランズマンを追い払い、離れたところからピケットラインを護衛し、公民権運動に反対するのではなく、運動と一体となってデモや有権者登録に同行したのである。北部の熱心な平和主義者たちはこうした現実を次第に受け入れた。かの聖職者すらそうだった。マーティン・ルーサー・キングを牧師館に訪ねたジャーナリストは、自宅爆破直後のことだったが、肘掛け椅子に座ろうとすると、弾を込めた銃が何丁かあるから気をつけるようにと注意された。「自衛のためですよ」と、キング牧師は言ったという。[63]

「最善の抵抗策とは何か？」コブによると、これこそが公民権闘争でアフリカ系アメリカ人が自問自答した問いなのだ。非暴力型の市民的不服従が定着したのは——対国家ゲリラ戦のような他の選択肢よりも——成果を上げたからであり、信条や教義としてというよりは、戦術として適切に評価されていたからだ。非暴力にこのようにアプローチするならば、戦術面での逸脱が生じるのは当然だ。ある状況で〔警察が〔黒人の行進を阻止するために〕橋上を「警備」するときに〕抵抗する最善の方法は、状況が異なれば（クランズマンに家が囲まれているときには）最善ではなくなるだろう。コブが述べるように「最初から武装による自衛と非暴力による公民権の訴えとの線引きは曖昧だった」のであり、[64]より広く捉えれば境界はもっと曖昧だったのである。

公民権運動はアフリカ系アメリカ人のその他の潮流との活発な相互作用を通じて展開した。一九六〇年代に黒人の権利を確保する法律がいくつも成立したが、それは公民権運動だけの手柄ではなかった。それが共同の成果によるものであることは、一連の新しい法律の中心となった一九六四年の公民権法に特にはっきり表れている。なぜ連邦政府はあのタイミングでマーティン・ルーサー・キングたちの長年の要求に応えたのだろうか？　転機は一九六三年のバーミンガム運動で訪れた。人種隔離に反対する市中での座り込み（シットイン）や礼拝抗議（ニールイン）〔白人教会で白人信徒に混じって教会内で跪いたり、建物から排除されたときに門前で跪いたりする抗議行動〕、入獄抗議（ジェイルイン）〔逮捕された活動家が罰金の支払いを拒否してわざと投獄され、刑事施設を満杯にさせてしまう闘争〕を理由にキング牧師が投獄されると、石や瓶が飛ぶようになった。白人至上主義者が爆破事件を二度起こしたことで、一連の騒動は当時初の黒人による都市暴動に発展した。群衆は警察官を襲撃したり、物を破壊したりした。史上初めて、こうした事態の勃発に対処するために連邦軍が派遣されたのである。そしてキングは、収容された房から警告を発することができた。もしみずからが率いる運動の掲げる諸要求が満たされなければ、もっと不穏な勢力が台頭することになるだろうと。非暴力行動の道が閉ざされたままだったならば「何百万という黒人が、欲求不満と絶望から、ブラック・ナショナリストのイデオロギーに［中略］慰めと安心感を求めることになるだろう」、そして「現在までに多くの南部の街路が血に洗われただろう」とかれは記している[65]。そして、このシナリオを耳にしたケネディ政権は仰天した。大幅に譲歩しなければ治安が崩壊するという忠告をアドバイザーたちが大統領に浴びせ始めたのだ。すぐに結果が出なければ、「黒人は疑いなく、経験のない、おそらく責任感の強くない指導者」——とりわけマルコムX——「に耳を貸すだろう[66]」と伝えられると、そうした恐ろしい状況が生まれる前に行政府は妥協した。公民権運動は一九六四年法を勝ち取った。それは法律を作った方がましだと国家権力に思わせるラディカル派を抱えていたからなのである。

そうした動きは黒人による暴力と結びつけられ、白人アメリカ人の精神にのしかかりさえした。ラディカル派効果（radical flank effect）〔社会運動論の概念で、社会運動を担うラディカル派と穏健派、および運動の部外者がかかわる相互作用的なプロセスを指す。過激な動きが穏健派の目標達成にダメージを与えるときには「負のラディカル派効果」があるとされ、反対にラディカルな動きや存在そのものが穏健派に有利に働くときに「正のラディカル派効果」があるとされる〕についての古典的研究である『黒人ラディカル派と公民権運動主流派――一九五四年‐一九七〇年』（*Black Radicals and the Civil Rights Mainstream, 1954–1970*）で、ハーバート・H・ヘインズはこの弁証法を要約している。「非暴力直接行動が有力政治家たちを震撼させたのは、いとも簡単に暴力に転じかねなかったからだ。だからこそ、連邦政府はさらなる抗議を不要にするために一連の措置を講じたのである」[67]。そしてもちろんバーミンガムは始まりにすぎなかった。数年後、北部で都市が炎上した。一九六七年にはニューアークだけでも千を超える事業所が損害を被ったり、破壊されたりした。一九六八年一月から八月にかけて米国全土で起きた暴動は三百十三件に上った。そして政府は運動の勢いを再び食い止めようと、運動向けに複数の法律を成立させた。たとえば、住宅供給での人種差別を禁じる一九六八年の公民権法だ。この法律はパトカーのサイレンが鳴り響き、車のフロントガラスが壊されるさなかに成立した。物的損害が予想されることが政府にとってはとくに悩ましかった。もし都市が燃えれば、「白人の会社が損失を背負わなければならない」と、ケネディとジョンソンの両大統領に仕えた側近は泣き言を並べた。[68] 一九五〇年代から六〇年代にかけて、節度の基準は急速に変化した。往年のラディカル派——法を破るよう人びとを扇動した公民権運動の指導者たち——が理性的で抑制的に見えるようになっていた。黒人革命の脅威——ブラックパワー運動、ブラックパンサー党、黒人ゲリラ集団——に比べれば、人種統合は許容可能な代償のように思えたのだ。マルコムXがいなければ、マーティン・ルーサー・キングのような人物は現れなかったかもしれないのである（その逆もしかりだ）。

ラディカル派効果の理論は、アフリカ系アメリカ人の闘争をはるかに超えたところでも当てはまる。二十世紀の西欧での労働者階級政治の歴史はわかりやすい例だ。参政権、八時間労働、福祉国家の土台づくり——改革派の労働運動がもたらした進歩は、左翼とそれより左の勢力抜きには考えられないものだっただろう。ベリティ・バーグマンはこう記している。「社会運動の歴史からは、活動家たちが過激に、対決を辞さない態度で行動するほうが、改革は実現しやすいことが示唆される。社会運動が要求をすべて実現することはまずないけれども」、ある勢力が主流派の盛り上がりに随伴しつつ、現状を徹底的に粉砕する準備を整えるなら、「運動は大きな意義をもつ部分的勝利を収めることができるのである」[69]。

翻ってこのことは気候運動に考える材料を与えてくれている。（本書執筆時点で）気候運動は暴動や財物の大規模な破壊を一度も引き起こしていない。この事実は戦略的平和主義者にとっては強さのしるしであり、みずからの理想と一致していることの証として捉えられるだろう。しかし、真逆にも捉えることができるのではないか？ 社会の深層まで達することも、この危機を貫く敵対関係を明確にすることも、そしてこれも大切なことだが、戦術面での強みを獲得することもできていないということではないだろうか？　この運動にはラディカル派はいるのだろうか？　グレタ・トゥーンベリは、気候変動におけるローザ・パークス〔一九一三－二〇〇五。活動家。一九五五年にアラバマ州モンゴメリーで白人男性にバスの座席を譲ることを拒んで逮捕され、公民権運動の大きなきっかけを作ったバスボイコット抗議で知られる〕かもしれない。パークスにインスピレーションを受けていることは当人の認めるところでもあり、しばしばなぞらえられてもいる。しかし、トゥーンベリはアンジェラ・デイヴィス〔一九四四－。学生時代以来の著名左翼活動家でUCLA名誉教授〕やストークリー・カーマイケル〔一九四一－一九九八。一九六〇年代のブラックパワー運動の有力指導者〕のような存在では（いまのところ）ないのである。

歴史が都合よく記憶されているのは南アフリカについても同じだ。ダイベストメントだけではアパルトヘイトを崩壊させることはできなかった。やはりここでも市民的不服従以上のことが必要だったのだ。一九五〇年代から六〇年代初頭にかけて、アフリカ民族会議（ANC）はバスボイコット、ストライキ、身分証明書の焼却、列車や郵便局での人種隔離を拒否するキャンペーンなどを試みたが、きわめて厳しい弾圧を招いただけに終わった。一九六〇年のシャープビル虐殺〔三月二十一日の反アパルトヘイトデモで黒人六十九人が警官に射殺され、多数が負傷した事件〕の後、ANC指導部は圧力強化の必要性に気づいて軍事部門「ウムコント・ウェ・シズウェ」〔民族の槍、MK〕を設立した。この方針転換を推し進めたのがネルソン・マンデラ〔一九一八－二〇一三〕だった。「非暴力によって人種差別のない国家を創りあげるというわたしたちの政策がなんの成果もあげていない」ので、「わたしたちとしても戦術を考え直すしかない。わたしの頭のなかでは、非暴力路線をめぐるこうした問いには一つの区切りがつきつつある」と述べた。[70] 新たな路線をとることで同志たちを説得したマンデラはＭＫの初代司令官に任命された。

私たちは、軍事施設や発電所、電話線、輸送網などを重点的に狙うという戦略を立てた。国側の軍事機能を損なうだけでなく、国民党支持者を脅かし、外国資本に南アフリカからの撤退を促し、経済を弱体化させるような標的を選ぶのだ。それによって、政府が交渉のテーブルにつく気になってくれることを、わたしたちは期待した。ＭＫの隊員には、人命が失われるような行動をとらないようにと厳しく指示した。しかし、破壊活動（サボタージュ）が私たちの望むような結果を生まない場合には、ゲリラ戦へ、さらにはテロリズムへと活動をエスカレートさせていく覚悟もしていた。[71]

サボタージュはずっとＭＫの主要な手段だった。[72] 境界を越えてアパルトヘイトの地に入ったコマンドー部隊は、サフラジェットのように、送電用鉄塔や発電所といった施設を攻撃した。一連の行動は居住区〔人種的に隔離された非白人の居住地域〕に住む一般大衆を奮い立たせた。ＭＫの行動を目にし、抵抗が可能であることに気づいた人びとは雪崩を打ってＡＮＣに加盟した。歌やスローガン、ダンスをはじめ、ＭＫを讃えるさまざまな象徴行為が一九八〇年代に至るまで反アパルトヘイト運動にあふれた。当時ＡＮＣはその戦略論を「大衆行動の鉄床で鍛えられた武力闘争の金槌」という定式で表現している。戦略的平和主義が利用できるものはここにはたいしてない。

マーガレット・サッチャーが人頭税を導入した時代になると、戦略的平和主義者の肩に腰掛け、歴史を書き換えるよう諭すかわいらしい検閲天使でもいるのかと思えてくる。人頭税について耳にした人なら誰でも知っているように、反乱はロンドンでの大規模暴動に発展し、人頭税を廃止させた。[★3] XRがこの出来事に触れずに反人頭税闘争に一章を割けてしまえるという事実にこそ、戦略的平和主義の心理が表れている。積極的な抑圧の訓練である。ここまで挙げてきた事柄はどれも、入手しづらいニュースや情報ではない。奴隷の反乱や米国の南北戦争での流血、サフラジェットたちの戦闘的活動、ガンジーの帝国軍への献身、公民権運動における武装警備とラディカル派の存在、ウムコント・ウェ・シズウェ――これらはすべて社会の共有財だ。しかし、戦略的平和主義はこうした一連の闘争を例にして、非暴力から決して逸脱することのないようにと気候運動に警告を発する。そんなものは空念仏と作り話のごった煮だ。市民的不服従を戦術として用いるという約束は反故にされている――非暴力は効果的だという理由で行われるのだから、見直しても構わない。もし非暴力が聖なる契約や儀式として扱われてはいないのなら、マンデラのとる明らかに反ガンジー的な立場を採用しなければならない。「効果のあるかぎり非暴力抵抗を続けていくことを、私は提案した」。それは「効力がなくなったら捨て去るしかない戦術」である。[73] 戦略的平和主義は非暴力という方法を、時間とは無関係で、歴史の外にあるフェティッシュへと変えているのである。

比較の論理は、そうしたやり方をとることなしに逆転されるべきだろう。こう言わねばならない。奴隷制に抗し、男性による選挙権の独占に抗し、英国などの植民地占領に抗し、アパルトヘイトに抗し、人頭税に抗し闘うなかで暴力は確かに生じた。しかし、化石燃料に抗する闘いはまったく異なる性格のものであり、完全に平和的であるという条件でのみ成功するだろう。しかし、こうした立場を支持する説得的な理由などあるだろうか？　現代社会に根を張る化石燃料体制は、他のあらゆる害悪よりも少ない努力で取り除けるほど根の浅いものなのだろうか？　化石燃料は横暴な権力や莫大な利益と結びついているのではないか？　排出量は急上昇からゼロへと転じなければならない。そうした移行を実際に実現するなかで、摩擦や対立の減少が期待できるのだろうか？　これまでの経験は、他のアプローチを真剣に考えなくても移行が達成できることを教えてくれるのだろうか？　気候変動は他の危機といったい何が違うのだろうか？　もしもこうしたアナロジーがまともに検討されるとしたら——そして、この緊急事態が奴隷制やアパルトヘイトと同列に扱われるべきだとしたら——、結論はひっくり返るに思われるだろう。しかし、いくつかの点で、この緊急事態はもっとひどいものなのだ。

*

人類はかつてこうした状況に直面したことがないのだから、過去と比較しても意味はないという主張はありうるし、まったく外れというわけではない。気候問題の構造は運動側が引用したがるアナロジーとは異なっている。化石燃料の燃焼とは、人種的に定義された集団を監禁したうえで、その身体から最大限の労働を引き出すシステムではない。ケネディ政権が公民権運動に屈した要因のひとつは、テレビカメラの前でデモ隊に残酷な仕打ちをする警官たちを見ての当惑だった。これはいわば米国が冷戦時代に主張していた道徳的優越性に刺さる棘だったが、特定の時代に存在した要素であり、二〇二〇年代と一緒くたにはできない。こうした個別具体的な状況にはどれも、今日には存在しない具体的な決定要因があったのだ。最も重要なのは、化石燃料は、制限的参政権やパス法（南アフリカで身分証の常時携帯を定めて黒人の移動を制限した法律。一九八六年廃止）のような政治的な取り決めではない点だ――化石燃料とその燃焼技術は、特定の所有関係に埋め込まれた生産力である。このように抽象的に捉えれば、マキシン・バーケットが示唆するように、奴隷制とのアナロジーにも多少の意味が出てくる――奴隷とされた人びともまた生産力だった。かれらはとてつもなく破壊的な方法で用いられ、清算されるべき巨大資本を具現化していた。[74] さらに気候科学者で活動家のジェームズ・ハンセンが主張しているように、化石燃料は、奴隷制と同じように、妥協の対象にはなり得ない――奴隷制を四割や六割削減するなどと考える人はいない。奴隷制は全廃以外にありえないのである。

化石燃料もこうしたものの一つであることを考えると、独裁者の打倒は似て非なるものだ。XRのロジャー・ハラムは、大勢のデモ隊が広場になだれ込み、暴君の退陣を要求するというイメージを引き合いに出す。「当局の傲慢さが民衆を過剰反応させると、人びと――人口の約一－三％が理想的だ――が立ち上がり、政権を崩壊させるだろう。あっという間で、平均一－二週間のことだ。バンと大きな音がするようにして、いきなり終わるのである。信じられないだろうが、話はこんなふうに進むのだ」[75]。言うまでもなく、話がこんなふうに進むわけがない。化石燃料が一―二週間で廃止されることはない（奴隷制もそうだった）。化石燃料が奇跡のように終わることはないのは、それがスロボダン・ミロシェヴィッチ政権のような破綻寸前の上部構造ではないからだ。かの政権は確かにほとんどだれもが享受する基本的な自由に憧れる人びとの攻撃によって一掃された。「ビジネス・アズ・ユージュアル」はブルジョア民主主義の余興でもなければ、修正すべき権威主義時代の遺物でもない――それはまごうかたなき現代資本主義の物質的形態であって、それ以下でもそれ以上でもないのである。

しかし「市民的抵抗モデル」の土台にあるのは独裁者追放運動だ。正確に言えば、エリカ・チェノウェスとマリア・J・ステファンの著作『市民的抵抗はどうしてうまくいくのか？』（*Why Civil Resistance Works*）が解釈する運動のあり方である[76]。XR設立者たちはこの本を図書館で熟読した。戦略的平和主義のいわば教理問答書だ。チェノウェスとステファンは独裁と外国による占領を一方の極に、民主主義と独立をもう一方の極に置く。そして前者から後者への移行をもたらす運動を暴力のあるなしで分類する。三百を超える事例――大半が民主主義にかかわるものだ――をデータベース化し、非暴力であれば成功の確率は倍になるとの結論を出している。パレスチナ人が暴力を用いる一方で、スロヴェニア人は非暴力を続けたところ、前者は失敗したが後者は成功したというわけだ。活動家への教えがどのようなものかははっきりしているだろう。それはXRの戒律の源なのである。

しかし、算術的な厳密さが発する光の影で、チェノウェスとステファンはよくある省略と隠ぺいを行っている。二人はシリア軍の二〇〇五年のレバノン駐留に反対する運動を非暴力が勝利した例として誇示するが、ヒズボラや他のゲリラ勢力の闘争には一切触れない。比べようもないほど残忍で堅牢なイスラエルによる占領を打破する闘いだ。他にもある。ネパールで君主制が崩壊したのは市民の穏健さの成果であるとして、毛沢東主義者の軍事闘争を無視している。反アパルトヘイト運動を非暴力に分類している。反ヒトラーの非暴力抵抗すら、暴力的な抵抗よりもうまくいったのだと描いている。真のガンジー精神に見られる巧妙なトリックだ。似ても似つかない歴史的出来事どうしを比較するねらいとは、活動家は暴力に訴えるやいなや自滅するというメッセージを強調したうえで、まったく異なる結果が生まれる理由——なぜスロヴェニアはすでに民主主義国家になのに、パレスチナはいまだ占領されているのか——を説明し、活動家を因果の連鎖における全能の主体へと実質的に転換することにある。チェノウェスとステファンの著書から取られ、XRモデルへと変換されたアナロジーは、知的基盤などにはなりえないものなのである。

　一方で、気候危機はそれ以前に生じたあらゆることから出発しているとはいえ、頼りになる経験といえば、反独裁政権闘争などの気候運動とは異なる闘争で得られたものしかないという主張もありうるだろう。さらに言えば、長命の独裁体制は化石経済を彷彿させる硬直性と不変性を獲得することもある。そこでチェノウェスとステファンがとりわけ重視する事例を一つ取り上げたい。イランだ。二人は暴力と大衆動員が相容れないことを普遍法則として確立しようとしているが、イランで王政を打倒した革命は、史上最大級の動員によるもので、総人口の十%が直接参加したとされる[77]——これに対して、たとえばソ連邦を崩壊させたのは一%の人びとだった。偶然にも国王〔モハンマド・レザー・パフラビヴィー〕を国外追放するまでの流れには最近の気候運動を彷彿させるところがある。デモが暦に記された一定の間隔で繰り返され、集まる群衆はそのたびに増えていった。ストライキ（石油労働者も参加した）は拡大・激化し、主要拠点（工場や宮殿など）は占拠された。情勢を決定したのはなんだったのか？ チェノウェスとステファンが組み立てたストーリーによれば、ラディカルなイラン人たちがまず一九七〇年代に、とくに「フェダイーン」（「戦士」の意味）という名の組織を結成し、マルクス主義に基づくゲリラ武装闘争で国王の打倒を目指したが大失敗に終わった。しかし、かれらが非暴力に転じると、あっという間に目標が達成されたということになる。

問題は、やはりこれが出来事の説明というよりも明け方の祈りのように思えることだ。これまでのどの書籍よりも王政打倒までの時系列を詳細に記す、ミサグ・パルサ『イラン革命の社会的起源』（*Social Origins of the Iranian Revolution*）には、北はカスピ海に臨むマーザンダラーン州から東は国内第二の都市マシュハドまで、最終的にはシャー政権を「水没」させるほどの高まりを見せた民衆の猛攻撃のうねりが描かれている。[78] 軍隊、政府が差し向ける暴漢、文民警察や秘密警察であるＳＡＶＡＫによる攻撃に何カ月もさらされた後、結集した大衆は一九七八年の秋に「軍隊への積極的な反撃に転じた」。北部のアーモルでは、人びとは弓と毒矢で武装し、駐屯地を制圧して武器を押収した。南西部のデズフルでは、警戒中の兵士が頭上から砂袋を落とされると、飛びかかられて武器を奪われている。北西部のハマダーンでは、政府施設が焼き討ちされ、街は「古代遺跡さながらの様相へと変わってしまった」。首都テヘランでは、放火された政府施設や銀行は十一月初めまでに数百に上った。南西部のアフヴァースでは米国系石油会社のマネージャーが複数射殺され、乗っていた車は焼き払われた。西部のケルマンシャーから南部のケルマンまで、怒りに燃える群衆はSAVAK事務所を包囲し、国王像を引きずり倒し、政府高官の自宅を襲撃し、都市を占拠して暴漢から守ったのだ。敵から奪った武器を蓄えた革命家たちは無数の民兵団を編成した。フェダイーンたちは警察署や軍用トラック、憲兵隊を急襲した。しかし「群衆による暴力の大半は人ではなく物に向けられていたのである」[79]。こうしたことは、生産停止をもたらすゼネストと街頭を麻痺させる——十二月には数百万人が行進する——大衆デモと連動してますます大きなうねりとなっていった。一九七九年二月になるまでに二重権力状態が出現し、政権の残党は軍を介して権力にしがみついていた。この状況でフェダイーンの戦士たちは反乱を起こした空軍の士官候補生と合流し、イラン革命の著名な研究者であるアセフ・バヤットの言葉を借りれば「膠着状態を武力反乱によって打開した」[80]。国王の軍隊はまさにこの時点で撃退された。社会全体に至福の時がもたらされたのである。

この物語のいくつかの章はタハリール広場のために書き直された[81]。タハリール広場は、二〇一一年春の十八日間以来、平和がもつ力の新たな証として、戦略的平和主義者のあいだで語り継がれている。しかし何百万人ものエジプト人は警察官に花を渡してこの広場にたどり着いたわけではない。一月二十八日の決定的局面たる「怒りの金曜日」に、人びとはガス弾の缶や舗装のかけらなど、路上にあるものをとにかく投げつけて、タハリール広場までの道を闘い抜いた。分厚く展開された非常線を突破し、何度も橋を渡ったのだ。この時のことを「平和的なデモ隊を、必要に迫られ、必死になって機動隊を打ち負かす暴力的なデモ隊へと変えた衝突」と描くのは、マフムード・シェリフ・バッシウーニーの大著『エジプト革命とその余波の記録』(*Chronicle of the Egyptian Revolution and Its Aftermath*) である。[82] 十八日間でムバラクは追放されたが、そのうち最初の三日間は非暴力的だったとしてもよいだろう。残りの期間では、全国の警察署のうち少なくとも四分の一——カイロでは五割以上、アレクサンドリアでは六割以上——が襲撃された。破壊された警察車両は全国で四千台に達した。[83] こうした警察(言うまでもなく死傷者の大半はかれらの責任だ)に対する大規模な暴力の炸裂は、一般の人びとを怖じ気づかせたのではなかった。むしろ事態は真逆に動いた。それを目の当たりにした人びとはタハリール広場に集まったのだ。対警察暴力の炸裂は、警察署を焼き討ちして警察官を追い出し、デモ隊に取って代わられるのを傍観するところまで国家の統制力を低下させることで、いわばナイル川の水門を開いたのだ。「市民的抵抗モデル」に逆らうように、体制への暴力と街頭での抗議行動は、二〇一一年のエジプト革命を研究するニール・ケッチリーによれば「相乗効果を発揮すると同時に補い合ってもいた」。[84] しかもこれは例外ではなく、むしろ常例であるように思われるのである。

実際、ケッチリーと共同研究者のモハンマド・アリー・カディヴァルは、一九八〇年から二〇一〇年に起きた民主主義への移行事例をすべて調べた結果、独裁者を失脚させるのは、最初は平和的に現れるが、鉄壁の国家との衝突をきっかけにして棒を振り回し、石を投げ、火炎瓶を投げるようになる人びとによって実現するという法則を明らかにした。[85] 二人はこれを「非武装型集団暴力」と名づけた。あり合わせの武器を手にした一般人によって実践されるこの「暴力」は、ハイテク兵器を装備する常備軍によって行使される暴力とは異なる。しかしこれは、国家の抑圧装置に向けられたり、財物の破壊に用いられたりすることもある。それは「公序を混乱させることで、現体制の統治コストを引き上げる」のだ。非武装型集団暴力は移行例の大半で生じているのに、チェノウェスとステファンはこれを無視した。分析結果を出すためにやっかい払いしなければならなかったのだ。チリやインドネシア、パキスタン、マダガスカル、セルビアにすら血迷った群集がいないことにしてしまう「可能性は二倍である」という例の結論だ。他の研究者の指摘からも二人のデータセットのまやかしは暴かれている。[86] チェノウェスとステファンは、抵抗にかんしてIPCCのような存在ではないのである。

　残る問題は、暴力を伴わない気候闘争に少しでも似たところのある何らかの運動を見つけうるかだ。戦略的平和主義が提示するのは無害化された歴史だ。何が起きて何が起きなかったのか、何がうまくいって何がうまくいかなかったのかについての現実に即した評価がそこにはない。強力な障害に立ち向かう運動にはほとんど無用の長物なのだ。戦闘的な運動を都合の悪いものとしてお行儀の良さ（シヴァリティ）という敷物の下にとにかく隠そうという動きは――いまや気候運動のみならず、英米圏における社会運動の捉え方や理論化作業の大半でも支配的だ――、それそのものが、現在とハイチ革命から人頭税暴動に至るあらゆる出来事とを隔てるきわめて深い溝の症候である。革命政治の消滅だ。それはもはや力強い運動における生きた実践（プラクシス）としても、その要求の引き立て役としても存在していないも同然だ。一七八九年から一九八九年までの期間、革命政治は現実のものであり、変革を可能にするエネルギーに満ちていたが、一九八〇年代以降中傷され、時代遅れになり、忘れ去られ、非現実的なものとなってしまった。結果的に運動のスキルは失われ、革命的暴力を不可欠の構成要素として捉えることがためらわれるようになった。これこそ気候運動が陥っている袋小路だ——資本の歴史的勝利と地球の破滅は一体不可分だ。この袋小路から抜け出すためにこそ、人類が地球に住み始めてから最も不運と思われる今この時に、闘い方が改めて学び直されなければならないのである。

こうして私たちはこの危機を実にくっきりと際立たせる一つの次元に到達する——時間だ。街頭に出たサフラジェットたちは、何世紀にもわたって女性たちが国家から排除されてきたことを腹に据えかねていた。バーミンガム市刑務所から、マーティン・ルーサー・キングは「われわれ〔＝黒人〕は、わが国の憲法が定める、神聖な権利を三百四十年以上も待ち続けてきました」と指摘した上で、書簡の相手である白人牧師たちに「いまや堪忍袋の緒が切れたのです」と説いた〈書簡は、キングの行動を愚かで時をわきまえないものとして批判した、一九六三年四月十二日付けの白人牧師八名の連名による声明に対する反論として、同十六日付で出されている〉[87]。これまでの幾多の（大半ではないにしても）闘争はこのような憤激の時間性——¡Ya basta!〈「もうたくさんだ」〉。サパティスタ民族解放軍（EZLN）が、一九九四年一月のNAFTA（北米自由協定）発効に合わせ、メキシコ・チアパス州で蜂起したときに叫んだ。植民地主義の歴史と今日的な新自由主義への端的な批判のことばとして知られる〉など——に従ってきたが、今日の気候運動は予測に従っている。最悪の事態はまだ起きていない。だが急速に訪れつつある。おそらくここではファシズムとのアナロジーが有効だろう（ファシズムへの抵抗は平和主義者にとって最難関のケースだ）。一九三〇年代初頭、ドイツはナチスの権力掌握に到るだろう坂道を滑り落ちていることが、月を追うごとに明らかになっていた。「いかに多くの貴重な取り返しのつかぬ時間が失われたことだろう！　実際、今や多くの時間は残されていない」。ファシズムの危険をきわめて粘り強く警告し、全力で対決するよう促した人物はこう叫んでいた（一九三一年十二月の演説だ）[88]。この二つの時間線の相違を誇張すべきではない——二つは交差している。緊急事態はすでにここに存在しており、残された時間は急速に少なくなっている——しかし、押し寄せる破局（カタストロフィ）の側には固有の時間性がない。それは闘わんとする人びとに厳しい制約を課しているのである。

注

注番号は英語版にはないので、二〇二〇年刊行のフランス語版によった。フランス語版にのみ付された注番号は、「★数字」で示した。日本語訳は既訳にしたがったが、文脈により変更した場合がある。

1 排出量の典拠は次のとおり。Tom Boden, Bob Andres and Gregg Marland, 'Global CO2 Emissions from Fossil-Fuel Burning, Cement Manufacture, and Gas Flaring: 1751–2014', Carbon Dioxide Information Analysis Center, cdiac.essdive.lbl.gov, 3 March 2017; Corinne Le Quéré, Robbie M. Andrew, Pierre Friedlingstein et al., 'Global Carbon Budget 2018', *Earth System Science Data* 10 (2018): 2141-94. 二〇一九年と二〇二〇年も、両年の排出量が二〇一八年と同じという保守的な（非現実的なまでにそうした）仮定のもとで、COP1以降の二十五年間の推計排出量に含まれている。

2 パイプラインの敷設距離の典拠は次のとおり。Bureau of Transportation Statistics, 'U.S. Oil and Gas Pipeline Mileage', bts.gov, 28 March 2019; American Petroleum Institute, *Pipeline 101*, pipeline101.org, 2015 (accessed 28 August 2019).

3 米国海洋大気庁がハワイのマウナロア観測所で測定、報告した大気中の二酸化炭素濃度の値を用いた。*CO2 Earth* で発表された。co2.earth (accessed 28 August 2019) を参照。〔なお、二〇二一年に同観測所で計測された月平均濃度は、四一九ppmと観測史上最大値を記録した〕。

4 Jonathan Watts, 'Arctic Wildfires Spew Soot and Smoke Cloud Bigger than EU', *Guardian*, 12 August 2019.

5 Kevin E. Trenberth, Lijing Cheng, Peter Jacobs et al., 'Hurricane Harvey Links to Ocean Heat Content and Climate Change Adaptation', *Earth's Future* (2018): 730-44.

6 例えば次を参照。Patrick Cloos and Valéry Ridde, 'Research on Climate Change, Health Inequities, and Migration in the Caribbean', *Lancet Planet Health* 2 (2018): 4-5.

7 ローズベルト・スケリットの演説はYouTubeにある。'PM Roosevelt Skerrit of Dominica Speech to the General Assembly at the United Nations 2017', uploaded 23 September 2017. 正式な原稿は次を参照。*UN News*, '"To Deny Climate Change Is to Deny a Truth We Have Just Lived", Says Prime Minister of Storm-Hit Dominica', news.un.org, 23 September 2017.

8 プエルトリコを襲ったハリケーン「マリア」と犠牲者数にかんする様々な推計については次などを参照。David Keellings and José J. Hernández Ayala, 'Extreme Rainfall Associated with Hurricane Maria over Puerto Rico and Its Connections to Climate Change', *Geophysical Research Letters* 46 (2019): 2964-73; Nishant Kishore, Domingo Marqués, Ayesha Mahmud et al., 'Mortality in Puerto Rico after Hurricane Maria', *New England Journal of Medicine* 379 (2018): 162-70; Carlos Santos-Burgoa, John Sandberg, Erick Suárez et al., 'Differential and Persistent Risk of Excess Mortality from Hurricane Maria in Puerto Rico: A Time-Series Analysis', *Lancet Planet Health* 2 (2018): 478-88.

9 John Lanchester, 'Warmer, Warmer', *London Review of Books* 29, no. 6 (2007), p. 3.

10 気候運動の発展を知る上で有益な論文を収めた論集には次などがある。Matthias Dietz and Heiko Garrelts (eds.), *Routledge Handbook of the Climate Change Movement* (Abingdon, UK: Routledge, 2014); Carl Cassegård, Linda Soneryd, Håkan Thörn and Åsa Wettergren (eds.), *Climate Action in a Globalizing World: Comparative Perspectives on Environmental Movements in the Global North* (New York: Routledge, 2017); Andrew Cheon and Johannes Urpelainen, *Activism and the Fossil Fuel Industry* (Abingdon, UK: Routledge, 2018). 三冊目は米国内の運動のみを扱う。

11 Sveriges Kommuner och Landsting, *Klimatförändringarnas lokala effekter: Exempel från tre kommuner*, skr.se, June 2019.

12 Greta Thunberg, *No One Is Too Small to Make a Difference* (London: Penguin, 2018), pp. 7, 10.

13 Greta Thunberg, 'If World Leaders Choose to Fail Us, My Generation Will Never Forgive Them', *Guardian*, 23 September 2019.

14 Maria G. Francke, ‘En ny Greta är född’, *Sydsvenska Dagbladet*, 23 September 2019.

15 エンデ・ゲレンデは気候運動で重要な役割を果たしているにもかかわらず、本稿執筆時点では英語圏ではほとんど論じられておらず、そのことのせいでかえって目立つほどだ。例外的な論文に次がある。Leah Temper, ‘Radical Climate Politics: From Ogoniland to Ende Gelände’, in Ruth Kinna and Uri Gordon (eds.), *Routledge Handbook of Radical Politics* (New York: Routledge, 2019), pp. 97-106.

★1 フローニンゲン州での闘争についての優れた分析は次を参照。Meike Vedder, ‘From “not in my backyard” to “not on my planet”: The potential of Blockadia for the climate justice movement: a case study of fossil fuel resistance in Groningen, the Netherlands’, Master Thesis, Science in Human Ecology, Lund University, Spring 2019, at http://lup.lub.lu.se/student-papers/record/8982818.

16 International Energy Agency, *World Energy Investment 2019*, iea.org/wei2019. 新たなパイプライン建設についての引用は p. 105。エクソンモービル社の利益指標は「内部収益率」(p. 89) である。

17 Dominic Dudley, ‘Renewable Energy Costs Take Another Tumble, Making Fossil Fuels Look More Expensive Than Ever’, *Forbes*, 29 May 2019.

18 International Energy Agency, ‘Global Energy Investment Stabilised above USD 1.8 Trillion in 2018, but Security and Sustainability Concerns Are Growing’, iea.org, 14 May 2019.

19 Jonathan Watts, Jillian Ambrose and Adam Vaughan, ‘Oil Firms to Pour Extra 7m Barrels per Day into Markets, Data Shows’, *Guardian*, 10 October 2019.

20 Patrick Greenfield, ‘World’s Top Three Asset Managers Oversee $300bn Fossil Fuel Investments’, *Guardian*, 12 October 2019.

21 Dan Tong, Qiang Zhang, Yixuan Zheng et al., ‘Committed Emissions from Existing Energy Infrastructure Jeopardize 1.5°C Climate Target’, *Nature* 572 (2019), pp. 373, 374.

22 この仕組みの概要は次を参照。Karen C. Seto, Steven J. Davis, Ronald B. Mitchell et al., ‘Carbon Lock-In: Types, Causes, and Policy Implications’, *Annual Review of Environment and Resources* 41 (2016): 425-52.

★2 Ben Smee, 'Clive Palmer company reapplies for mine four times size of Adani's Carmichael', *Guardian*, 21 October 2019.

23 Alexander Pfeiffer, Cameron Hepburn, Adrien Vogt-Schilb and Ben Caldecott, 'Committed Emissions from Existing and Planned Power Plants and Asset Stranding Required to Meet the Paris Agreement', *Environmental Research Letters* 13 (2018): 1-11. この論文の知見には疑義が唱えられている。Christopher J. Smith, Piers M. Forster, Myles Allen et al., 'Current Fossil Fuel Infrastructure Does Not Yet Commit Us to 1.5°C Warming', *Nature Communications* 10 (2019): 1-10.

24 Ottmar Edenhofer, Jan Christoph Steckel, Michael Jakob and Christoph Bertram, 'Reports of Coal's Terminal Decline May Be Exaggerated', *Environmental Research Letters* 2018 (13): 1-9.

25 *Ibid.*, p. 7.

26 Seto et al., 'Carbon Lock-In', p. 429.

27 詳しい一覧表については、平和主義の立場から書かれた次の事典項目などを参照。Andrew Fiala, 'Pacifism', *The Stanford Encyclopaedia of Philosophy* (2018), plato.stanford. edu.

28 このテロ未遂事件が起きたとき、アル＝ヌール・イスラミック・センターで礼拝していたのは三人だけだったが、フィリップ・マンスハウスは明らかに連続殺傷を続行できる状況にあった。このモスクに来る前、マンスハウスは義理の（アジア系の）妹を殺害していた。平和主義が求めるだろうこととは裏腹に、ノルウェーではモハメド・ラフィック氏を英雄だと賞賛する動きが広がった。

29 倫理的平和主義には一貫性がないとする古典的な論文は次を参照。Jan Narveson, 'Pacifism: A Philosophical Analysis', *Ethics* 75 (1965): 259-71。倫理的平和主義を痛快に打破する論文には次がある。Gerald Runkle, 'Is Violence Always Wrong?', *Journal of Politics* 38 (1976): 367-89.

30 次の論文が示すように、条件付き平和主義は正戦論に陥る。Cécile Fabre, 'On Jan Narveson's "Pacifism: A Philosophical Analysis"', *Ethics* 125 (2015), p. 824.

31 Hans Baer, 'Activist Profile: Bill McKibben', in Dietz and Garrelts, *Routledge*, p. 223.

32 Bill McKibben, *Falter: Has the Human Game Begun to Play Itself Out?* (London: Headline, 2019), p. 220（強調は引用者）。次なども参考になる。*Oil and Honey: The Education of an Unlikely Activist* (New York: Times Books/Henry Holt, 2013), p. 15; 'How the Active Many Can Overcome the Ruthless Few', *Nation*, 30 November 2016. 気候運動をキリスト教の立場に基づく倫理的平和主義に位置づけようというかなり明確かつ包括的な試みとして次がある。Kevin J. O'Brien, *The Violence of Climate Change: Lessons of Resistance from Nonviolent Activists* (Washington, DC: Georgetown University Press, 2017).

33 Martin Luther King Jr., *A Testament of Hope: The Essential Writings and Speeches* (New York: HarperCollins, 1991). 例えばp. 18〔「みずから招かざる苦難は贖罪的であるという気づき」('An Experiment in Love'、一九五八年)〕、p. 41〔「私はこの数年間、みずから招かざる苦難は贖罪的であるという信念をたずさえて生きてきました」('Suffering and Faith'、一九六〇年)〕、p. 219〔「みずから招かざる苦難は贖罪的であると信じて戦い続けよう」(M・L・キング著、C・カーソン他編、梶原寿監訳『私には夢がある――M・L・キング説教・講演集』、新教出版社、二〇〇三年、一〇三頁)〕、p. 466〔「とにかく、みずから招かざる苦難にはわれわれを救済する力があることを信じねばなりません」(M・L・キング、雪山慶正訳『自由への大いなる歩み』岩波新書、一九五九年、二三〇頁)〕。

34 倫理的平和主義から戦略的平和主義への転回については次を参照。Mark Engler and Paul Engler, *This Is an Uprising: How Nonviolent Revolt Is Shaping the Twenty-First Century* (New York: Nation Books, 2017).

35 McKibben, *Falter*, pp. 193, 219; Bill McKibben, 'Foreword', in Engler and Engler, *This*, p. viii.

36 Roger Hallam, 'The Civil Resistance Model', in Clare Farrell, Alison Green, Sam Knights and William Skeaping (eds.), *This Is Not a Drill: An Extinction Rebellion Handbook* (London: Penguin, 2019), pp. 100–101. 次も参考になる。Roger Hallam, 'Now We Know: Conventional Campaigning Won't Prevent Our Extinction', *Guardian*, 1 May 2019.

37 McKibben, 'Foreword', p. viii.

38 Maxine Burkett, 'Climate Disobedience', *Duke Environmental Law and Policy Forum* 27 (2016), p. 2.

39 このアナロジーについて例えば次を参照。ibid., pp. 19-23; Naomi Klein, *This Changes Everything: Capitalism vs. the Climate* (London: Penguin, 2014), pp. 6, 462-64〔ナオミ・クライン。幾島幸子・荒井雅子訳『これがすべてを変える――資本主義vs.気候変動』岩波書店、二〇一七年、上巻八頁、下巻六〇九－六一二頁〕; Andrew Winston, 'The Climate Change Abolitionists', *Guardian*, 27 February 2013; Chris Hayes, 'The New Abolitionism', *Nation*, 22 April 2014; *Climate Home News*, 'Al Gore Likens Climate Movement to Suffrage and Abolition of Slavery', climatechangenews.com, 20 June 2017; Ed Atkinson, 'A Voice from Our History: The 1833 Slavery Abolition Act', *Citizens' Climate Lobby*, citizensclimatelobby.uk, 8 April 2018.

40 Eric Beinhocker, 'I Am a Carbon Abolitionist', *Oxford Martin School*, oxfordmartin.ox.ac.uk, 4 July 2019. 次が参考になる。Erich Beinhocker, 'Climate Change Is Morally Wrong. It Is Time for a Carbon Abolition Movement', *Guardian*, 20 September 2019.

41 例えば次がある。Jay Griffiths, 'Courting Arrest', in Farrell et al., *This Is Not*, p. 96; Ronan, '12 Extinction Rebellion Activists Willingly Arrested in Semi-Nude Protest to Highlight Climate Emergency during Brexit Debate in House of Commons', *Extinction Rebellion*, rebellion.earth, 1 April 2019; BBC Radio 4: Beyond Today, 'Are Extinction Rebellion the New Suffragettes?', bbc.co.uk 12 April 2019; Natalie Gil, 'Why We Joined Extinction Rebellion AKA the 'New Suffragettes'', *Refinery 29*, refinery29.com, 15 April 2019.

42 George Monbiot, 'Today, I Aim to Get Arrested. It Is the Only Real Power Climate Protesters Have', *Guardian*, 16 October 2019.

43 Bill McKibben, 'The End of Growth', *Mother Jones*, November/December 1999, motherjones.com.

44 Bill McKibben, 'Gandhi: A Man for All Seasons', *Common Dreams*, 29 December 2007. 詳しくは次を参照。Cheon and Urpelainen, *Activism*, pp. 41, 83, 155; McKibben, 'Foreword', pp. vii-viii; McKibben, *Falter*, p. 220; Vandana Shiva, 'Foreword', in Farrell et al., *This Is Not*, p. 7; *Economist*, 'Could Extinction Rebellion Be the Next Occupy Movement?', economist.com, 17 April 2019.

45 ここで触れたアナロジーについて、例えば次を参照。Griffiths, 'Courting', p. 96; Danny Burns and Cordula

Reimann, 'Movement Building', in Farrell et al., *This Is Not*, pp. 106-68; Cheon and Urpelainen, *Activism*, pp. 94-97; McKibben, *Falter*, p. 224.

46 マッキベンの発言。引用元は次のとおり。Darren Goode, 'McKibben: Sandy "Wake-Up Call" on Climate Change', *Politico*, politico.com, 30 October 2012.

47 マッキベンの発言。引用元は次のとおり。V. L. Baker, 'Remembering Nelson Mandela and His Fight for Climate Justice', *Daily Kos*, dailykos.com, 16 December 2013.

48 もちろん無数の文献がある。主要なものを二つ挙げる。Robin Blackburn, *The Overthrow of Colonial Slavery, 1776 – 1848* (London: Verso, 1988); Manisha Sinha, *The Slave's Cause: A History of Abolition* (New Haven: Yale University Press, 2016). ハイチ革命そのものを対象とする研究が今日ではかなり多くあるが、古典としては次がある。C. L. R. James, *The Black Jacobins: Toussaint L'Ouverture and the San Domingo Revolution* (London: Penguin, 2001 [1938])〔C・L・R・ジェイムズ、青木芳夫訳『ブラック・ジャコバン――トゥサン＝ルヴェルチュールとハイチ革命』、大村書店、増補新版、二〇〇二年〕。最近の優れた研究として次を挙げておきたい。Carolyn E. Fick, *The Making of Haiti: The Saint Domingue Revolution from Below* (Knoxville: The University of Tennessee Press, 1990). ジョン・ブラウンについては次を参照。David S. Reynolds, *John Brown, Abolitionist: The Man Who Killed Slavery, Sparked the Civil War, and Seeded Civil Rights* (New York: Vintage, 2005)〔日本語の文献には、松本昇・高橋勤・君塚淳一編著『ジョン・ブラウンの屍を越えて――南北戦争とその時代』、金星堂、二〇一六年がある〕。引用はp. 292。現在のエコロジー危機の観点からマルーンの側面のいくつかを論じたものとして次がある。Andreas Malm, 'In Wildness Is the Liberation of the World: On Maroon Ecology and Partisan Nature', *Historical Materialism* 26 (2018): 3-37. マッキベンは次で南北戦争を想起している。*Falter*, p. 218.

49 Robin Blackburn, 'The Role of Slave Resistance in Slave Emancipation', in Seymour Drescher and Pieter C. Emmer (eds.), *Who Abolished Slavery? Slave Revolts and Abolitionism: A Debate with João Pedro Marques* (New York: Berghahn Books, 2010), p. 172.

50 Diane Atkinson, *Rise Up, Women! The Remarkable Lives of the Suffragettes* (London: Bloomsbury, 2018).

51 次からの引用。*Ibid.*, p. 362.

52 C. J. Bearman, 'An Examination of Suffragette Violence', *The English Historical Review* 120 (2005): 365-97.

53 次からの引用。Atkinson, *Rise Up*, p. 369.

54 Bearman, 'An Examination', p. 368. この火災は次の記事で報じられている。'South Shields Harbour Fire', *Manchester Guardian*, 26 January 1914.

55 Kathryn Tidrick, *Gandhi: A Political and Spiritual Life* (London: Verso, 2013 [2006]), pp. 56, 66, 73; Mohandas K. Gandhi, *Autobiography: The Story of My Experiments with Truth* (New York: Dover, 1983), p. 313〔マハトマ・ガンジー、蠟山芳郎訳『ガンジー自伝』中央公論新社、二〇〇四年、二三九‐二四二頁(「ズールーの反乱」の節)〕。

56 O'Brien, *The Violence*, p. 43.

57 次からの引用。Domenico Losurdo, 'Moral Dilemmas and Broken Promises: A Historical-Philosophical Overview of the Nonviolent Movement', *Historical Materialism* 18 (2019), p. 96. 詳しくは次を参照。Tidrick, *Gandhi*, pp. 104, 125-32.

58 次を参照。Tidrick, *Gandhi*. 例えば、pp. 171, 174-76, 225-26, 232-33, 299-301。

59 この書簡は次に掲載され、分析されている。P. R. Kumaraswamy, 'The Jews: Revisiting Mahatma Gandhi's November 1938 Article', *International Studies* 55 (2018): 146-66. 平和主義の病理学を第三帝国に応用した議論は次を参照。Ward Churchill, *Pacifism as Pathology: Reflections on the Role of Armed Struggle in North America* (Oakland: AK Press, 2007), pp. 47-52.

60 このテーマにかんするガンジーの発言は次に掲載されており、そこから抜粋している。'Gandhi, the Jews and Zionism', at Jewish Virtual Library, jewishvirtuallibrary.org. ガンジーがシオニズム植民地主義に対するパレスチナの抵抗への支持を公にしている点はきわめてささやかな救いではある。

61 Tidrick, *Gandhi*, p. xii.

62 Charles E. Cobb Jr., *This Nonviolent Stuff'll Get you Killed: How Guns Made the Civil Rights Movement Possible* (Durham, NC: Duke University Press, 2014).

63 *Ibid*, p. 7.

64 *Ibid.*, pp. 155, 152.

65 'Letter from Birmingham City Jail' in King, *A Testament*, p. 297〔マーチン・ルーサー・キング「バーミングハムの獄中から答える」（一九六三年）、中島和子・古川博巳訳『黒人はなぜ待てないか』、みすず書房、一九六六年、一〇七頁〕。

66 米国国務次官補（アフリカ担当）G・メンネン・ウィリアムズのケネディ大統領への発言。次からの引用。Herbert H. Haines, *Black Radicals and the Civil Rights Mainstream, 1954–1970* (Knoxville: University of Tennessee Press, 1988), p. 161.

67 *Ibid.*, p. 179. 次などを参考。Churchill, *Pacifism*, pp. 55-57, 109.

68 マックジョージ・バンディの発言。次からの引用。Haines, *Black Radicals*, p. 179.

69 Verity Burgmann, 'The Importance of Being Extreme', *Social Alternatives* 37 (2018), p. 10.

70 Nelson Mandela, *Long Walk to Freedom* (London: Abacus, 1995), pp. 433, 320〔ネルソン・マンデラ、東江一紀訳『ネルソン・マンデラ自伝――自由への長い道』、NHK出版、一九九六年、下巻、八六頁および上巻、三八〇頁〕。マンデラは早くも一九五〇年代前半には非暴力に幻滅したと記している。pp. 182-83〔上巻、二二四 - 二二六頁〕を参照。南アフリカ共産党はガンジーのドグマといち早く断絶している。MKの創設と活動についてのかなり詳細な記述は次を参照。Thula Simpson, *Umkhonto we Sizwe: The ANC's Armed Struggle* (Cape Town: Penguin, 2016).

71 Mandela, *Long Walk*, p. 336〔マンデラ、前掲書、上巻、三九七頁〕。

72 例えば次を参照。Gay Seidman, 'Guerrillas in Their Midst: Armed Struggle in the South African Anti-Apartheid Movement', *Mobilization: An International Journal* 6 (2001): 111-27.

★3 例えば次を参照。Lindsey German & John Rees, *A People's History of London* (London: Verso, 2012), p. 282.

73 Mandela, *Long Walk*, pp. 147, 322〔マンデラ、前掲書、上巻、一八一頁および三八二頁〕。次も参考になる。pp. 183, 351〔同書、上巻、二二六頁および四一四頁〕。

74 Burkett, 'Climate Disobedience', pp. 19-21, 9.

75 Hallam, 'The Civil', p. 104.

76 Erica Chenoweth and Maria J. Stephan, *Why Civil Resistance Works: The Strategic Logic of Nonviolent Conflict* (New York: Columbia University Press, 2013). パレスチナとスロヴェニアの対比は p. 218 に書かれている。

77 Charles Kurzman, *The Unthinkable Revolution in Iran* (Cambridge, MA: Harvard University Press, 2004), pp. vii-viii.

78 Misagh Parsa, *Social Origins of the Iranian Revolution* (New Brunswick, NJ: Rutgers University Press, 1989). 引用は pp. 229-30。

79 Michael Axworthy, *Revolutionary Iran: A History of the Islamic Republic* (London: Penguin, 2014), p. 122.

80 Asef Bayat, *Revolution without Revolutionaries: Making Sense of the Arab Spring* (Stanford, CA: Stanford University Press, 2017), p. 32. これは「決定的な闘争」(Axworthy, *Revolutionary Iran*, p. 8) だった。同書の序論はこの闘いの流れを詳しくたどっている。革命を論じたバヤットのこれ以前の著作には、*Workers and Revolution in Iran: A Third World Experience of Worker's Control* (London: Zed Books, 1987) や *Street Politics: Poor Peoples Movements in Iran* (New York: Columbia University Press, 1997) などがある。

81 エジプトについて挙げられた「証拠」については、例えば次を参照。Chenoweth and Stephan, *Why Civil*, pp. 6, 229-30; Engler and Engler, *This Is*, pp. 252-60.

82 M. Cherif Bassiouni, *Chronicle of the Egyptian Revolution and Its Aftermath: 2011–2016* (Oxford: Oxford University Press, 2017), p. 31. 詳しくは pp. 291-95 を参照。

83 Neil Ketchley, *Egypt in a Time of Revolution: Contentious Politics and the Arab Spring* (Cambridge: Cambridge University Press, 2017), ch. 2.

84 *Ibid.*, p. 21（強調は引用者）。

85 Mohammad Ali Kadivar and Neil Ketchley, 'Sticks, Stones, and Molotov Cocktails: Unarmed Collective Violence and Democratization', *Socius: Sociological Research for a Dynamic World* 4 (2018): 1-16.

86 例えば次がある。Fabrice Lehoucq, 'Does Nonviolence Work?', *Comparative Politics* 48 (2016): 269-87.

87 King, 'Letter from Birmingham', pp. 292-93〔キング、前掲書、九八–九九頁〕。

88 Leon Trotsky, *The Struggle against Fascism in Germany* (New York: Pathfinder, 1971), p. 139〔トロツキー、志田昇訳「ドイツ共産党の党員労働者への手紙――ドイツ共産党の今日の政策の誤りはどこにあるか?」、https://www.marxists.org/nihon/trotsky/1930-1/df-tegami.htm、二〇二一年一月二十四日閲覧〕。

2　呪縛を解く

ＣＯＰ１の時点では、二十年後あるいは三十年後になって、世界経済が月に一ギガトン近くの炭素を排出し、企業が化石燃料の燃焼能力の増強計画に奔走し、政府は誇らしげに、あるいは受動的にそうした動きのすべてを監督しているなどと想像した人はまずいなかっただろう。危機に対する無責任さは予想を超えている。気候システムの変動への対応も、同様に致命的なまでに予想を超えている。ＣＯＰ１の時点では、陸と海が排出された温室効果ガスをこれほど早く吸収し尽くせなくなり、二酸化炭素とメタンをこれほどのペースで漏出させるようになると予測した科学者はほぼいなかった。[89] たとえば、北極の永久凍土は何十万年も凍ったままの炭素の地下貯蔵庫だ。[90] 地球温暖化によって地表が融け始め、微生物による有機物の分解が生じることで、二酸化炭素とともにメタン（今世紀初めの二十年間で、大気中における影響が八十七倍になっている温室効果ガス）が放出されているが、このプロセスも予測を超えて動きを速めている。森林火災も同様の働きをする。[91] 炎が通過することで、樹木や土壌に閉じ込められた炭素が放出される。火災は発生頻度が増えているだけでなく、より長いあいだ、より激しく、より広い領域で起きている。化石燃料の一次火災が二次火災を招く状況が、カムチャッカからコンゴまでで生じているのである。科学者たちはこうした正のフィードバックメカニズムへの対応に遅れをとっており、モデルへの組み込みに四苦八苦している。カーボンバジェット（一般には、地球温暖化を一定水準に抑制する場合に想定される温室効果ガスの累積排出量の上限値のこと。炭素予算とも）にはそうした排出量がまだ完全に反映されていないが、もしそうなれば排出可能な上限値はさらに引き下げられるだろう。[92]永久凍土の融解、山火事の増加などのメカニズムを考慮に入れれば、一・五℃または二℃以下の温暖化水準を維持する余裕はより少なくなるということだ。

　私たちはいわば鋏の二つの刃にはさまれている。一方では、これまで通りのやり方（ビジネス・アズ・ユージュアル）の延長線上で排出量がさらに増加し、温暖化緩和への期待がくじかれる。もう一方では、デリケートな生態系が崩壊する――資本主義的生産様式の異常な慣性が地球の反応性とがぶつかり合う。時間がきわめて限られている厳しい状況のなかで、気候運動は効果的な戦略を考案しなければならないのである。「許容可能な未来」への道は「楽観的な仮定のもとですら、急速に狭まっている」――「世界全体がただちに行動すること」への科学者たちからのもう何度目からわからない悲痛な訴えだ。[93]正のフィードバックメカニズムを不完全に表現したモデルを用いた二〇一九年（排出量がまた増加した年だ）の論文で、同丹らの研究グループは、二つの条件の下でなら一・五℃はまだ「技術的に可能」との結論を示している。[94]第一に、制限を尊重する「合理的な可能性」を持ったためには、人類社会は「全世界での新たなCO_2排出装置の全面禁止」を実施する必要があるだろう。

現時点で支配者層が、科学者に指示されたから、あるいはそうしなければ何十億人がきわめて深刻な被害にさらされることになるから、あるいは地球が温室になるかもしれないから、といった理由で、新たなCO_2排出装置の世界的な全面禁止に踏み切ることなど、かれら全員が険しい山の頂で一列に並び、そこから静かに飛び降りるのと同じくらいありえないのだ。

ここで数百万人からなる運動の出番だ。まずは禁止を発表し、強制する。新しいCO_2排出装置を壊して使えなくするのだ。停止させ、解体し、取り壊し、燃やし、吹き飛ばす。化石燃料の燃焼への投資を止めない資本家たちに、自分の資産がめちゃくちゃにされることをわからせよう。「われわれは投資リスクだ！〔Wir sind das Investitionsrisiko!〕」というエンデ・ゲレンデのスローガンがある。そのリスクは〔活動家の直接行動がもたらす〕年に一日二日の生産停止よりも明らかに高くなければならない。「腐敗した議会にまともな炭素税を制定させることができないのなら、私たちは身体を張って事実上の炭素税を課すことができる」と、ビル・マッキベンは主張してきた[95]が、炭素税は二〇〇四年の話だ。私たちに禁止を課すことができないのなら、自分たちの身体を張って、また必要なあらゆる手段を使って事実上の禁止を課すことができる。

ただしこれははじまりに過ぎない。というのは、一・五℃未満――つまり、許容可能な未来と許容不可能な未来との境界線――を達成する第二の条件は、化石燃料インフラの「歴史的耐用年数の大幅な短縮」であるからだ。新設はもちろん、既設についても最近のものから旧式まで、CO_2排出装置を停止させなければならない。この点については科学的に明らかだ。あまりにも多くの貴重で取り返しのつかない時間が失われているため――そして実際に残された時間は多くないので——、資産を座礁させなければならないのである。投資は資本主義の感覚からすると早すぎる償却を迫られる。ある試算では、現在準備中の全プロジェクトの即時停止は、化石燃料で現在稼働中の全発電所の五分の一の廃炉を伴う場合にのみ、二℃目標の達成を可能にする（この試算は二〇一八年時点のものなので、これまで通りの企業活動（ビジネス・アズ・ユージュアル）がさらに数年なり数十年なり続ければ、条件は引き上げられるだろう）[96]。すでに巨額の埋没資本が存在するのだ。気候の安定化が恐ろしいほど困難な課題に見える理由の一つは、資本主義者の資産（プロパティ）が最高の神聖領域のような地位にあるため、どの国家もこうしたアイデアを提案だけでも行う構えがないからだ。資産をゴミ箱にむざむざと投げ入れる向きなどあるわけがない。これだけの利益を確実に没収するために軍隊を派遣する政府がどこにあるだろうか？　だからこそこの呪縛をだれかが解かなければならないのだ。この分野で現在きわめて優れた研究者として知られるR・H・ロッシンは「妨害＝破壊活動（サボタージュ）とは、言ってみれば予示的な——一時的ではあるにせよ——財産の没収である」とする。また気候緊急事態に関連して「破壊活動（サボタージュ）は論理的かつ正当性を備えた効果的な抵抗の一形態であると同時に、資本主義的所有権の神聖さへの直接攻撃でもある」とも記している[97]。停電する製油所、バラバラになった掘削機——つまり資産を座礁させることは可能なのだ。財物＝資本は地球に優先しない。このような緊急事態において私有財産（プロパティ）を不可侵とする技術や自然法、神の法など存在しない。もし国家が率先して自発的に障害を取り除いて道筋を作ることができないのならば、国家に代わって誰かがそれをしなければならない。さもなければ、財物＝資本が私たちから地球を奪ってしまうのである。

こうしたCO_2排出資産反対キャンペーンの当面の目的は、したがって二つの部分からなる。そうした資産への投資増加に負のインセンティブを与えること、また同時にそうした資産をビジネスから引き上げることが可能であることを示すことだ。一つ目の部分については、新しい装置をすべて無効化あるいは解体する必要はなく、そのリスクをもっともと思わせるかたちで伝えるだけで十分である。ターゲットはしっかり選ぶことが鉄則だ。サフラジェットは手当たり次第に物を破壊したが、今それをやってもうまくいかない。もし気候変動の活動家たちが郵便局やティーショップ、劇場を仮に襲撃しても、投資家たちは何かへの投資を止めようとは思わない。対象は石炭を扱う埠頭やスチームヨットに絞らなければならないだろう。しかし、サフラジェットたちが国家の腕を捻じ曲げようとしたのと同じように——当人たちには参政権を法制化する力はなかったのだから——、目的は国家に禁止を宣言させ、備蓄の停止を開始させることだ。「現在の世界のエネルギーシステムは、これまでに構築された最大のインフラストラクチャ・ネットワークであり、数十兆ドルの資産と過去二世紀の技術進化を反映している」[98]。そしてそこから得られるエネルギーの八割は依然として化石燃料由来だ。まともな感覚の持ち主なら、活動家集団がそうしたインフラの全部なり五分の一なりを燃やしてしまうとは誰も思わないだろう（あるいは、そのような三次的な〔化石燃料を燃やすためのインフラを燃やすための〕火災が明確に望ましいとも思わないだろう）。結局のところ、エネルギーの移行を強行に押し通すことができるのは国家をおいて他にないのである。

しかし、国家は自分たちが主役ではないことを十分に証明している。問題は、気候運動の戦闘的な部分によるサボタージュさえあれば危機が解決できるかではなく——それは明らかに夢物語だ——、「ビジネス・アズ・ユージュアル」を揺さぶり、脱線させるのに必要な破壊的な騒動がそれなしに起こりうるかどうかである。サボタージュなどありえないと固く信じて平時の戦術に固執するのは無謀だろう。現状がいかに悲観的かを思えば、運動を抗議（プロテスト）から抵抗（レジスタンス）へと決定的なかたちでシフトさせる時が来ているのだ。「抗議とは、私はこれが気に入らないと言うことだ。抵抗とは、私が気に入らないものに終止符を打つことだ。抗議とは、もうこんなことに付き合うのはごめんだと言うことだ。抵抗とは、他の誰もがこれに従わないようにさせることである」と、ある西ドイツのコラムニストは一九六八年に、訪独したブラック・パワー活動家の言葉をこう紹介している。[99] こうした抵抗への反対意見には事欠かないだろう。そもそも、そんなことが技術的にできるのだろうか？

*

「パイプラインへのサボタージュはとても簡単だ。単純な爆発物があれば、パイプラインの最重要部を数週間操業停止に追い込むことができる」と、二〇〇五年二月にパイプライン・アンド・ガス・ジャーナル誌は嘆きをあらわにした。[100] その時点で、米国の占領に反対するイラクの抵抗勢力は、パイプラインへの攻撃を二百件近く実行していた。「こうした妨害活動により、投資しにくい環境が作られ、同国の石油・ガス産業を発展させるはずだった石油会社が逃げ出してしまった」とぼやきは続く。さらに悪いことに、トルコの支配下にあるクルディスタン〔クルド人居住地域〕や、チェチェン、アッサム、コロンビアでも同様の攻撃が行われていて、ある主要なパイプラインには左翼ゲリラがかなり頻繁に穴を空けるために「「フルート」として知られるようになるほど」だったという。

化石燃料インフラに対するサボタージュには長く立派な伝統があるが、それは気候への悪影響とは別の理由によってなされてきた。アフリカ民族評議会（ANC）は原油供給をアパルトヘイトのアキレス腱と考えていた。一九五〇年代に白人国家はサソール社〔南アフリカ石炭石油ガス会社〕を設立して自国のエネルギー基盤を固めようとした。大きな目的は豊富にある国産炭から人造石油を生産することだった。ここで用いられた液体炭化水素を合成するフィッシャー・トロプシュ法はナチスドイツが開発を推し進めたものだ。南アフリカの解放闘争で最も目を見張る行動の一つはこのサソール社を標的にしたものだった。[101] 一九八〇年六月、MKのゲリラ部隊が人造石油生産施設二カ所の警備フェンスに穴を開け、タンクを地雷に仕掛けて爆破したのだ。三日間続いた煙は、衝撃を受けたヨハネスバーグの人びとの目に映った。それは「白人の無敵神話を打ち砕いた。失われた石油の量ではなく〔中略〕、立ち上る煙こそが重要だった。サソールは権力の象徴だった」と、ANCの活動家フレーネ・ジンワラは述懐する。[102] マンデラの評価では、この行動は一九八〇年代初頭の運動の復活に一役買った。[103] MKに詳しいある研究者によれば、「これらの攻撃はいずれも国家を崩壊させるには至らなかったが、体制に対する具体的な潜在的脅威の物的証拠となった――ナディン・ゴーディマ〔一九二三－二〇一四。南アの作家。アパルトヘイトを素材にした作品で知られる〕が言ったように、「そこにいる何か（something out there）」〔一九八四年に刊行された同名の中編がある〕が、白人至上主義の長期的な先行きへの得体の知れない脅威を表しているという印象を強めていた[104]」。見かけ上の堅牢さは打ち砕かれてしまったのである。

しかし、パイプラインに対するサボタージュのパイオニアといえばパレスチナ抵抗運動だ。第一次世界大戦後、欧米の石油会社はペルシャ湾で発見された油田に殺到した。イギリス委任統治領パレスチナの中核的な産業プロジェクトはパイプライン建設になったのだ[105]。その経路は〔現イラクの〕キルクークからヨルダンの砂漠を横断してヨルダン川西岸北部とガリラヤへ、そしてイラクの石油を世界市場に送り出すハイファの製油所へとまっすぐに伸びていた。一九三六年にパレスチナ人がゼネストに蜂起したとき――当時における最高の反植民地蜂起である――、行動の大半はパイプラインを軸として展開された。ストライキが始まって二カ月後、反乱する人びとはパイプラインを初めて爆破した。三年に及ぶ反乱が頂点に達した時期には、毎晩のようにパイプラインが破壊されていた。火を放ったり、近距離射撃で穴を空けたりしたほか、地中埋設区間では、五‐六人のグループが地面を掘って露出させたパイプを壊すと、石に巻きつけた布に火をつけて投げ込んだのだ。何度なく管を閉じることを余儀なくされたことで、英国人入植者たちは主要な収入源とエネルギー源とを奪われた。パイプラインはかなりの距離にわたって無防備な状態で敷設されていたので、入植者たちは「この生命線とも言えるパイプラインを守ることができず、そのことを思い知らされもした」と、パレスチナ解放人民戦線（ＰＦＬＰ）の名文筆家ガッサン・カナファーニー〔一九三六‐七二。パレスチナ人の作家・革命家。著作の日本語訳に『太陽の男たち／ハイファに戻って』（河出文庫）がある）は記している。[106] その一方で「パレスチナのアラブ農民たちがこのパイプラインを呼ぶ「パイプ」という言葉が民衆の英雄的行為を称揚する民間伝承に記された」のである。

一九六九年にはＰＦＬＰが同様のサボタージュを再び行った。[107] 五月に戦闘員六人がレバノン南部からイスラエル占領地域に潜入すると、ゴラン高原の山間部を移動して、サウジアラビアから地中海に原油を運ぶパイプラインに無防備な箇所を発見した。そして一夜を明かすとパイプラインを掘り起こし、爆破装置を仕掛けてこっそり立ち去った。数週間後には、別の細胞がイスラエル北西部の港町ハイファの製油所に潜入して爆弾を仕掛けている。その夏が終わるまでに、ＰＦＬＰはイスラエル南部のネゲヴ砂漠で高圧鉄塔二本とパイプライン一本も破壊している。カナファーニーが編集長を務めたＰＦＬＰの週刊機関紙アルハダフによれば、その目的は「経済的に、具体的には石油生産の枠組において敵に打撃を与えること」にあった。ザカリー・デイヴィス・カイラーは一九六九年の作戦を最近改めて辿るなかで、ＰＦＬＰが石油を敵の三位一体――アメリカ帝国主義、イスラエル植民地主義、アラブ反動勢力――の物質的基盤と見なし、サボタージュを「帝国の靭帯を攻撃する」方法だと考えていたことを明らかにしている。

しかしパイプライン・アンド・ガス・ジャーナル誌が嘆く時代において、最も大規模な財物破壊が起きたのはナイジェリアだった。一九九〇年代後半にナイジェリア・デルタを荒廃させる石油会社に対する非暴力運動が頭打ち気味になったことを受けて、イジャウ族をはじめとする複数のコミュニティの組織化された若者たちはこうした企業を力ずくで追い出そうとしたのだ。[108] 二〇〇五年末、ニジェール・デルタ解放運動（MEND）は、これらの企業に撤退するか「暴力的な攻撃を受ける」かを選ぶようにとの最後通牒を突きつけた。石油をターゲットにするという独特のゲリラ戦を開始したMENDは、マイケル・ワッツによれば「奇想天外な一連の攻撃」を行った。[109] 小舟で小川や沼地を素早く移動してパイプラインを爆破し、船舶を攻撃し、海洋プラットフォームを制圧し、事務所を襲撃し、石油会社の社員を誘拐したのだ。一連の攻撃の第一波は「オペレーション・サイクロン」と名付けられた。ゲリラ活動が最盛期を迎えた二〇〇六年から二〇〇八年にかけて、MENDはアフリカの主要石油国であるナイジェリアで生産量の三分の一を停止させている。「安定した規則正しい石油の流れが歴史的にも前例のない形で問われることになった」とワッツは記している。[110] わずかな間とはいえ、シェルやエクソンモービルといった略奪者たちが撤退の瀬戸際に立たされていたような状況だったのだ。

エジプト革命では、ムバラク政権がイスラエルに天然ガスを――市場価格以下で――供給していたパイプラインにも民衆の怒りが向かった。[111] 十回のサボタージュによってパイプラインが閉鎖されると、イスラエルは支払いを取りやめ、協定は破棄された。ムバラク政権の打倒に至る十八日間の抗議行動からアブドルファッターフ・サイード・フセイン・アッ＝シーシーがクーデターを起こすまでに、推定三十回の爆発がパイプラインを襲っている。インドではナクサライト（毛沢東思想を背景として、一九六七年に西ベンガル州ナクサルバリ村で起きた小作蜂起を契機に形成され、各地に広がった組織の総称）が炭鉱や鉄道を頻繁に襲撃した。[112] 二〇〇九年と二〇一〇年の当局の訴えによれば、ナクサライトは燃料の輸送を阻止し、新規の炭鉱開発を望む投資家たちが事実上立ち入ることのできない地域を作りだし、インドの石炭生産量の四分の一を削減させたのである。なかでも二〇一九年夏の行動で、ナクサライトはチャティスガル州の石炭輸送路を何度も襲撃し、ジャールカンド州では石炭輸送車両十六両を燃やし、マハラシュトラ州の国道建設現場では機械と車両二十七台のほか、コールタール工場に火を放っている。その動きはまだ終わりが見えない。エジプトの革命勢力とインドの革命勢力とのあいだに共通点はないに等しいものの、双方が化石燃料インフラを標的にしているのである。

そして新記録が湾岸地域で樹立された。今まで挙げたどれもイエメン——この国にもパイプラインのサボタージュの伝統がある——の反政府勢力フーシーが用いたドローンの効果には及ばない。二〇一九年九月十四日、世界最大規模の石油処理施設であるサウジアラビア東部アブカイクのサウジアラムコ製油所への攻撃だ。無人機は群れなして構内に忍び込むと貯蔵タンクに穴を開け、火をつけ、精製工程を停止させた。この一撃で全世界供給量の七%を占めるサウジアラビアの石油生産は半減を強いられたのだ。サボタージュやゲリラ戦の歴史を見ても、一回の行動でこれほど大規模に石油供給が停止したことはなかった。専門家筋は非対称戦争の新時代の到来が告げられたと声を揃えた[113]。いまや反政府勢力は小さくて安価な、おもちゃのような飛行機を使って、エネルギーシステムの柱を倒すことができるのだ。ビジネスニュースサイトのブルームバーグは震え上がった。アブカイクへの攻撃は「破壊的技術の時代における世界の原油供給の脆弱性を示すものであり、百年の歴史がある産業を——少なくとも一時的に——屈服させる可能性がある[114]」。気候運動家ならこれ以上の何を望みうるだろうか?

昔と今のこうした記録を踏まえるなら、問われるべきは、国家以外のところで組織された人びとが、地球を破壊する類の財物や施設を破壊することが技術的に可能かどうかではない。それは、再生可能エネルギーへの移行が技術的に可能なのとまったく同程度に可能なことは明らかだ。問題は、なぜこうしたことが起きないのかというところに――いや、むしろ、良いものも悪いものも含めてありとあらゆる理由からこうしたことが起きているのに、気候を理由にして起きないのはどうしてなのかというところに――ある。グローバルサウスにおけるランチェスター・パラドックスだ。「南」では化石燃料を燃やす商品はそこまで広まっていないかもしれない。しかしそうした商品の生産用のインフラと十分に交わることで、「南」にはサボタージュの伝統がかなり豊かに残っているのである。「南」は気候破壊の影響を受けている。短期的にも中期的にも失うものが最も多く、国民の懸念は「北」よりもはるかに広がり、高まっていることを示す世論調査結果もある。[115]「南」では大規模な財物破壊のノウハウが命脈をしっかりと保っているだけに、それがなされない現状がかえって目を引くのだ。理解の助けになる要因が二つ頭に浮かぶ。革命政治の全般的消滅。「北」よりも「南」の方がただでさえ始めるハードルが高いのに、それがさらに高くなっており、点と点を結びつけるのに必要な意識レベルが低下していることだ。もうひとつは、もっと具体的なことで、気候危機の政治化が不十分なことだ。人びとは悶々としているかもしれないが、反撃の手段をほとんど見いだせないのである。

　エジプトという国を例にしてみよう。エジプトはきわめてぜい弱だ――海面上昇はデルタ地帯を貫き、塩水で畑をダメにしている。カイロでは夏の暑さは耐えらない水準に達している。上エジプトの収穫が縮小するスピードは他の大半の穀倉地帯より速いと言われている。アスワン湖とナイル川の蒸発率は急上昇している——しかしいまだに気候問題は扱われないも同然だ。ムバラク政権崩壊直後、人びとが気候問題にかかわる糸口はあった。しかし、シーシーはそのきっかけを封じ、エジプトを化石燃料使用を増やす方向へと急転換させた。イスラエルとの協定を改訂し、中身を一変させるだけでなく——イスラエルが支配する地域で新たに発見されたガスを輸入することになるのはエジプトである——、石炭利用へと突き進んだのだ。[116] 燃焼能力を八倍に増やす計画を立て、アフリカ最大（中国－エジプトの複合企業が世界最大と宣伝しているが、そうではない）の石炭火力発電所の建設を監督している。最初の抗議行動は即座に鎮圧され、不満を示した環境大臣は退任させられた。近年これほど約束排出量が急増している国は珍しい。[117] 太陽光と風力にこれほど恵まれているのに、これほどまったく活用されていない（シーシー政権下では発電量の一％未満）国など皆無に近い。こうした特徴とサボタージュを含む革命闘争——しかしそうした闘争は今日ではほぼ壊滅させられている——の新鮮で生々しい歴史を併せ持っている国などそうはない。おそらくある日、何百万人ものエジプト人たちがスエズ運河地区にどっと流れ込み、みずからの生活を破壊している勢力に抗議するだろう。うち一部はシーシーが作った石炭火力発電所へと向かうだろう。しかしそうした日はあまりに遠く、慰めにはならない。

他のグローバルサウスの国々にも似た状況がある。イランは次から次へと気候災害に見舞われる一方で、大金持ちの宗教指導者たちからなる支配階級が石油とガスで己の懐を肥やし、再生可能エネルギーのポテンシャルはまったく活かされていない。革命政治のきわめて豊かな伝統があるのだが、それも一九七九年以降〔ホメイニー師らによるイラン・イスラーム体制の確立以降〕の歳月で根こそぎ破壊されてしまった。フェダイーンはもはや活動していない。南アフリカ、ナイジェリア、コロンビア、その他多くの国もこの大きな図式に当てはまる。しかし、化石燃料インフラへの妨害行為はグローバルサウスの専売特許ではない。実際、それはこのインフラそのものと同じくらい歴史があり、英国でラッダイト〔一八一〇年代のイングランドの手工業者による機械打ち壊し運動〕やプラグプロット暴動〔一八四二年にイングランドの炭鉱労働者を皮切りに全英に広がったゼネスト〕などの労働者階級の運動が蒸気機関や産業機械に不満をぶつけたことにまで遡るものであり、そのことはこのパラドックスをさらに不可解なものにしている。CO_2排出装置は二世紀にわたって、それによって活動する権力——機械化、アパルトヘイト、占領——に怒る従属集団(サバルタン)によって物理的な妨害を受けてきたが、いい、いい、いい、それそのものが破壊的な力として認識されてきたわけではなかった。

西ヨーロッパでは、一九七〇年代から八〇年代にかけて、当時第三世界と呼ばれていた国々の解放闘争と連帯したサボタージュの時期があった。[118] 一九七二年二月には、パレスチナの闘士たち〔「黒い九月」〕がハンブルク近郊のエッソ社〔現エクソンモービル社〕のパイプラインを爆破した。パイプと供給設備あわせて十数箇所が爆破されている。一九八〇年代半ばには、「反帝国主義戦線」——フランスのアクション・ディレクト（AD）、西ドイツのドイツ赤軍（RAF）、ベルギーの戦闘的共産主義者細胞（CCC）——の幹部たちが各国を横断するNATOのパイプラインに対抗する作戦で協力した。一九八〇年代の国際的な反アパルトヘイト運動の一環として、活動家たちは南アフリカと取引を続けている企業のガソリンスタンドを爆破した。とくにオランダのフローニンゲン州にあるシェル社のガソリンスタンドが標的となった。一九九〇年代半ばには、ニジェール・デルタの住民の処遇への激しい嫌悪から、スウェーデンでシェルの給油所が占拠され焼き払われた。しかし気候問題にかんしては、こうした類のことは一切行われていない。

近年のヨーロッパに見られる逆行の一面は、極右が政治的暴力を事実上独占していることだが、大きな例外は黄色いベスト（ジレ・ジョーヌ）運動が起きたフランスだ。二〇一五年のいわゆる難民危機では、ドイツの難民収容所への放火事件が九十二件発生し――これもラディカル派効果の反映だが、最も「右」からのものだ――ドイツは国境閉鎖の方向に動いた。[119] 似たような放火事件はスウェーデンでも続発した。ＥＵで二番目に多く移民を受け入れている国だ。どちらの国でも化石燃料インフラへの攻撃は一つもなかった。こうした運動手法の右への偏りは、現行の危機のただなかにおける人間の病的な非合理性という大枠で捉えなければならない。財物破壊は今でも起きている――それは間違った人びとによって、まったく間違った理由のために行われている。しかし物や施設の破壊は、爆発物や投てき物、連続放火といった形態をとらなければならないわけでもない。ＰＦＬＰやＭＥＮＤ、フーシーの軍事力がなければ成り立たないものではない。爆破によって煙を上げなくても実行可能だ。そのほうが望ましい。サボタージュは静かに、さらには用心深いかたちですら行うこともできるのである。

＊

二〇〇七年七月の暖かく静かな夜、ストックホルム中心部で最も裕福な地区であり、億万長者や貴族が住み、静謐な雰囲気が漂うエスターマルムを、市内の別の場所に住む若い男女のグループが訪れた。飼い犬を連れて夜の散歩をする者もいれば、電気を消す前に窓から外をちらっと見る者もいたし、ふらつきながら自転車で帰宅する者もいた。しかし誰一人として私たちのことを気にはとめていなかったようだ。私たちは通りを少し歩いて立ち止まり、しゃがみ込み、再び早足で歩き出し、立ち止まり、かがみ込み、立ち上がり、また歩き出した。エスターマルムの歩道には、やがてその正体が明らかになるシューという音が何時間にもわたって続いていた。翌朝、六十台のSUVのオーナーたちは、愛車がアスファルトの上にもたれかかっている光景を目にした。フロントガラスのところにはリーフレットがはさまっていた。

あなたのSUVのタイヤの空気を何本か抜きました。個人的な恨みはありません。私たちが忌み嫌うのはあなたが乗っているSUVのほうです。どれだけガソリンを食うかは絶対にご存じでしょうから、あえて申し上げません。しかしあなたは次のことをご存じないか、気にしていらっしゃらないようです。あなたがSUVをこの街で走らせるときに燃焼するガソリンは例外なく、他人に壊滅的な結果をもたらすのです。

そして、私たちは危機のイロハを繰り返した。車のオーナーは裕福なスウェーデン人なので、——嵐に最初に襲われることになる、遠く離れた貧しい人びととは違って——当面は安泰だ。しかもその嵐がもたらす最悪の事態はまだ回避することができる。「私たちが排出量を削減すればよいのです。いますぐ。明日ではありません。だから私たちはタイヤの空気を抜き、あなたのSUVを無力化したのです。あなたは公共交通機関がかなり整った都市に住んでいます。不自由なく行きたい場所に行くことができるのです。／アスファルトユンゲルンス・インディアーネル(Asfaltsdjungelns Indianer)」――この署名は「アスファルトジャングルのインディアン」という意味だが、たしかに愚かで不適切な名前だった（私たちの文化的盗用に憤慨しているというあるネイティブ・アメリカンからメールがあった）。早朝、私たちはこの最初のアクションを認めるマスコミ向けのコミュニケを出し、ブログを立ち上げた。[120] そこで私たちは他の人たちに仕事をするよう促したのだった。

　このブログには、当時スウェーデンで一番売れていたボルボXC90から悪名高いハマー（巨大さ、燃費の悪さ、安全性の低さ、事故率の高さなどで知られる）まで、主なSUVモデルの画像と名前をリストアップして簡単な手順書も載せた。タイヤのバルブのキャップを外す。中には、押し下げると空気が抜けるピンがある。茹でたクスクスの粒か黒コショウの実ほどの大きさの小石を入れて――または、緑豆を使うことを私たちは勧めた――キャップを戻す。するとこの小さな物体がバルブ内のピンを押すので、一時間もするとタイヤの空気が完全に抜ける。印刷したリーフレットをフロントガラスのワイパーに忘れずにはさんでおこう。そうすれば車のオーナーが細工に必ず気づくので、空気の抜けたタイヤで走り去ってしまうことはないだろうが、どうするかはオーナー次第だ。職人や労働者が使用するトラック、障害者用のジープ、ミニバスや普通車は避けるようにと、私たちは同じ行動をやりたい人向けにアドバイスした。ターゲットは金持ちのSUVだ。かれらの車は実用性ゼロだ——エスタ一マルムでSUVをかなりよく見かけるのは地面がでこぼこしているからではない。そうした車が街に敷かれたアスファルトという柔らかいカーペットの外に出ることはめったにない——たんに所有者の富を誇示するためだけに過剰にCO_2を排出しているのだ。私たちはSUVのドライバーをエスターマルムの上流階級の若者たちになぞらえた。かれらは二〇〇〇年代の初めに悪名高い習慣を作りだした。近所のバーで超高価なシャンパンを何本も注文すると、栓を抜いて中身を噴射させた。自分たちがいかに多くのカネを浪費できるかを見せびらかすためだけの行動である——ただし両者には違いがある。シャンパンボトルを空にしてもせいぜい床がぬれるだけだが、SUVが排出するものは人を殺しているのだ。

燎原の火のような現象が起きた。スウェーデン各地で夏から秋にかけて、「インディアン」の模倣集団、自称「部族(トライブ)」が出現した。ある夜の襲撃ではストックホルム市街地で二百台のSUVが破壊され、その後にはしかるべきコミュニケが発表された。ヨーテボリでは五十台、ヴェクショーでは数台、マルメの高級住宅街ウェスタンハーバーでは七十台が対象となった。メディアは騒然とした。気候運動の第一期が始まったときで、アル・ゴア〔元米国副大統領〕とIPCCがノーベル平和賞を受賞する直前のことでもあり、全国のメディアはこの現象を取材し、地元新聞社は「事件翌朝」のリポートを相争って掲載した。スウェーデンの大手日刊紙ダーゲンス・ニーヘーテルの週末版は、ある「トライブ」に記者を送り込んだ。かれらは「SUV高密集地区」を苦労して移動し、ヘッドライトで照らされれば見つからないように隠れてじっとし、作戦行動をとる部隊さながら静かに活動したのだ。[121] 多くの人に理解され、賞賛と模倣の動きもかなりのものだったが、バックラッシュも招いた。

「インディアン」には激しい怒りがぶつけられた。私たちの行動は財物に永続的なダメージを与えるものですらない。迷惑行為としては相当軽いもので、オーナーに対しては車をガソリンスタンドまでレッカー移動させてタイヤに空気を入れるための時間と費用を課すものだった。しかしこれを純粋な屈辱と感じた人たちもいた。車高の低くなったSUVは、ステータスも役割もゴミ箱用のポリ袋と大差なく、明らかな無用の長物へと一変した。これは一部のオーナーにとっては耐えがたいものだった。「もしも「活動中」のお前らを見かけていたら殺していただろう」。ブログで公開された殺害脅迫文の一つにはこう書かれていた（これはソーシャルメディアが荒らしで一杯になる時代より前のことだ）――「私も大勢の人びともお前たちを自爆テロリストや小児性愛者と同類と見なしている。いやそれどころか、小児性愛者を少しばかり釈放させて、お前たちみたいなのをぶち込んでおけばよかったよ。ウンザリするチンピラども、いましましいゲリラよろしく走り回る前に少しはお勉強でもしたらどうだ」。車のオーナーや兵士、男性スポーツ向けのインターネット掲示板は復讐の妄想であふれた。「インディアン」の肺を破裂させてやると宣言する、「アスファルトジャングルのカウボーイ」というブログも登場した。この対抗勢力は銃を持った少年のイラストが描かれたステッカーを配った。イラストの上にはこう書かれていた。「タイヤ内の空気は私有財産である――空気を抜く行為は民主主義への攻撃だ」。モーターライフ・トゥデイ誌は、SUVオーナーに火器や実弾が配布されているとされる状況について記事を掲載し、オーナーの多くがハンターや軍人であり、「今晩中にでも血の海に沈む「インディアン」が出かねない」と警告した。[122] こうした車両は「黒づくめの不気味な男たち」によって警備されていると言われていた。常にいかめしい男たち。表面からは決して深くはないところには、自分たちのモンスターカーに階級だけでなく男らしさも注ぎ込んでいるオーナーたちの象徴的去勢への恐怖があったのである。

　暴力事件は起きなかった。一度だけ、一般男性がある「インディアン」と地下鉄車内まで逃走劇を演じ、その女性を（力というより言葉で）制止させたうえで、警察が身柄を引き取りに来るまで引き止めたことはあった。九月下旬、ストックホルムとヨーテボリの「トライブ」は威嚇的な態度に対して、ウガンダでの豪雨と洪水がもたらした五十万人の被災者に捧げる、新たな一斉空気抜き行動で応じた。連帯の意を示して私たちは呼びかけた。「西洋で最も恐ろしい排出源のいくつかに打撃を与えよう」。二〇〇七年上半期にスウェーデンでのボルボ製ＳＵＶの販売は着実な伸びを示していたのだが、下半期には二十七％も急激に減少した。他のモデルも同様の落ち込みを示した。私たちはこの動きに一役買っている。十二月にこのキャンペーンを評価すると、千五百台以上のＳＵＶが一時的に「無力化（ディスアームド）」（反核運動での市民的不服従を連想させる表現）――そのときはこう言っていたのだが――されたことがわかった。私たちの警告にもかかわらず、車のエンジンを掛けたオーナーがいるとの報告がいくつか寄せられた。季節は冬を迎え、道路は滑りやすくなっていた。雪と雨が混じればなおのことだ。私たちに生命を危険にさらすつもりはなかった。そこで「停戦」を宣言し、ＳＵＶオーナーにはどうするかを落ち着いて考えてほしいと呼びかけた。[123] キャンペーンをいったん取り止めて、後日必ず再開すると宣言した。その後、運動のサイクルが下降線を辿るなかで、コペンハーゲンのCOP15が近づいてくる。運動はきわめて困難な局面に立たされた。「アスファルトジャングルのインディアン」の活動再開とはならなかった。私はそれをとても残念だと思っている。

*

私たちが活動にふけったSUVの空気抜きは、いたずらという形での直接行動であり「サボタージュ」と呼ぶまでもない陽気でマイルドなものだったのかもしれない。それからの十年間で燃やされたすべての化石燃料は、より実践的なアプローチへの訴えを裏付けるものであり、このささやかなエピソードから学ぶべきことがあるとすれば、想像力を少し働かせれば、活動家が容易に用いることのできる手段でCO_2排出装置を無力化しうるということだ。しかしこうした反論があるだろう。なぜ個人消費を狙うのか？　運動は消費者——リベラルな言説が好んで取り上げる主題——から、化石燃料の生産にポイントを動かそうと取り組んできたのではないだろうか？　消費者を批判することは議論を後戻りさせることにならないだろうか？

だが消費はやはり問題の一部なのである。とくに富裕層の消費だ。所得および富とCO_2排出量とのあいだにはきわめて密接な相関関係がある。そのことはカナダから中国までで実証済みだ。[124] ごく一握りの人びとが、きわめて不釣り合いな量の温室効果ガスを排出している。今日の世界で豊かになるということは、ダリオ・ケナーが『炭素不平等』(*Carbon Inequality*)で論じる「汚染能力における不平等」の分布でトップに立つことなのだ。[125] 超富裕層であるとは、複数の豪邸、SUV、高級車、ヨット、ジェット機、ヘリコプターを持つことだ。プライベート空港、プライベート潜水艦、理想的なアメニティを完備した水上居住地としてプライベート半潜水式プラットフォーム(船底がガラス張りのクルーザーのような船舶など)を持っていてもよいだろう。世帯所得水準にかんする綿密な研究を踏まえ、ケナーは「英米の富裕層は一人残らずライフスタイルと結びついたかなりの量のカーボンフットプリントを持っている(温室効果ガスの排出量が相当に大きい)」と結論づけている。[126] 例として挙げられるのは、ゲストをパーティー会場まで飛行機で連れてきたがるバンフォード卿夫妻だ。二〇一六年三月、この夫婦はボーイング社のジェット機を二機チャーターして友人百八十人を招待し、インド北西部のラージャスターン州内の宮殿で四日間にわたって豪華な誕生生パーティーを開催した。

合計してみると、こうしたライフスタイルは驚異的に大きな排出量をもたらすことが示されるものの、データの制約(富裕層は自分たちの排出量をつねに公表しているわけではない)や方法論の違いによって結果にはばらつきがある。二〇一五年のオックスファムの報告書によると、世界で最も豊かな一%のカーボンフットプリントは、下位十%の百七十五倍にもなる。[127] この逆ピラミッド構造を大きく捉えるなら、米国の最富裕層はモザンビークの最貧困層の二千倍以上ものCO_2を排出している。イロナ・M・オットーらが二〇一九年にネイチャー・クライメート・チェンジ誌で発表した論文によると、世界で最も豊かな〇・五四%の排出量は、全人類の最も貧しい半数の排出量よりも三分の一以上多い。[128] 同じ年の別の研究に「スーパーヨット」を対象にしたものがある。[129] これは全長二十四メートル以上のモデルを指すが、七十メートルを超えることも多い。この最小モデルを購入できる資産を持つのでさえ、推計で人類の〇・〇〇二七%だ。他の環境被害は計算に入れず——マイクロソフトの共同創業者ポール・アレンが所有するスーパーヨットは二〇一六年一月にカリブ海の海洋保護区内のサンゴ礁にぶつかり、その八割を破壊したことがある——、この研究ではスーパーヨットの駆動に必要なガソリンの燃焼によるCO_2排出量だけを計算している。世界にはこうしたヨットが三百隻ある。その一年間の排出量はブルンジ国民一千万人に匹敵するのだ。

少しでも多くのCO_2を排出したいなら、空を飛ぶという暴挙に出るのが一番手っ取り早い。これもまた今日の金持ちの定義に近いものだ。ロンドン‐エジンバラ間のフライト一回〔羽田‐岡山間におおむね相当する距離〕で、平均的なソマリア人一人の年間排出量よりも多くのCO_2が排出される。ロンドン‐ニューヨーク間〔同、名古屋‐ハノイ間〕ではナイジェリア人かネパール人、ロンドン‐パース間〔同、羽田‐イスタンブール間〕ではペルー人やエジプト人、ケニア人やインド人より多い。[130] 世界には一人当たり年間排出量がロンドン‐ニューヨーク間を一人が一回だけ飛んだときの排出量よりも少ない国が五十六カ国ある。これらの数字は航空の影響を保守的に見積もったものだ。飛行機を飛ばす炎を空に噴き出しているのは誰なのか？　英国のように飛行機を使いたがる国ですら、二〇一八年には一%の国民が全国際線の五分の一を利用した。そして十%が半分を利用したが、四十八%はまったく利用していないのだ。[131] しかし、超富裕層は自分たちの飛行機を進んで所有するか、ウォーレン・バフェット（世界有数の富豪であるかれがCEOを務めるバークシャー・ハサウェイ傘下のネットジェッツ社は、シェア・ビジネスジェット部門の主要企業）から借りる。[132] その豪華旅客機群は予想通りの影響を及ぼしながら優雅に空を飛ぶのだ。米国内で稼働しているプライベートジェット機だけでも、ブルンジ国民の半数の年間排出量と同等のCO_2を発生させているのである。[133]

この類の排出には、十分な証拠が導き出す倫理的な地位がある。これは一九九一年、インドの気候学者で活動家のアニル・アガルワルとスニタ・ナレインが今では古典とされる論文で初めて指摘した。二人はすべての排出量を平等に扱う計算方法に異議を唱えた。「ヨーロッパや北米でガソリンをがぶ飲みする自動車から排出される二酸化炭素と、その点では、第三世界ならどこにでもある、たとえば西ベンガル州やタイの零細（サブシスタンス）農民の車を引く牛や田んぼから排出されるメタンとを、同じ基準で比較することが本当に許されるのか？　こうした人びとには生きる権利がないのか？」と問いかけたのだ。[134] 反芻動物や水田から排出されるメタンの量は、SUVから排出されるCO_2の量と同じ正の放射強制力を持つだろうことはアガルワルとナレインも認めている。しかし倫理的な実体としてはまったく異なるものだと論じたのだ。

きわめて優れた見識をもち気候危機を論じる哲学者ヘンリー・シューは、二人の洞察に着目してこれを形式化し、今日の学術界で広く受けいれられている奢侈（ラグジャリー）的排出と生計（サブシスタンス）用排出という区別を作りだした。[135] 奢侈的排出は豊かな人びとがみずからの地位の快楽に耽るために生じるものだが、生計用排出は貧しい人びとがなんとか生きていくために生じる。[136] インドの小作農世帯が燃料用石炭で火をおこして調理をし、石炭火力発電所の電気で家を灯しているなら、かまどもランプも使わないのが唯一の代替手段になるだろう。化石経済に縛られているため、二酸化炭素を排出するエネルギーを利用するしかないのだ。スーパーヨットの操縦者にはこうした免責は効かない。今挙げたような生存に欠かせないニーズや権利なしで、実際なんら不便も感じることなく、すぐにでも船を出すのを止めることができるからだ。生計用排出は、身体の再生産を追求し、実行可能な代替案がないときに発生する。奢侈的排出はどちらの言い訳もできない。最大手のスーパーヨット製造企業のCEOは言う。「みんなヨットが必要なんじゃない――ヨットが欲しいんだよ」[137]。

必要(ニーズ)と欲求(ウォンツ)の線引きがきわめて曖昧なことはよく知られているが、今の文脈で両者を区別しないことは「私たちが理解している最も基本的な差異を放棄することである」と一九九三年にシューは主張した[138]。どの排出を最初に削減すべきかという問題に取り組んでいたのだ。そして「従事する必要のない活動に従事する富裕層によるまったく無駄で、取るに足らない、余計な排出に着手すべきだ」と主張した[139]。あるいは、「緊急事態でも毛布を売る前に宝石を質に入れるものだ」と述べている[140]。この議論は気候の歴史のきわめて重要な瞬間に着想された[141]。一九九〇年代初頭、COPサミットが始まり、各国政府には世界の排出量に上限を設けるという合意に達することが期待されていた。そうなると、今後の排出可能量を豊かな国と貧しい国とのあいだでどう分けるかという厄介な問題が生じることになる。豊かな国が成長を維持するために、貧しい国が開発にブレーキをかけ、現代的な生活水準の追求を諦めるよう求められることはありえないという主張が多くなされた。シューもその一人だった。そして基本的な良識とともに正義論という学問的な裏付けをもって、貧困国により多くの排出余地を認めるべきだと論じた。シューが排出を区別したのはそのことを主張するためだった。しかし二十年が経ち、COPサミットがなされるがままに破滅へと進んでいるのを見て、シューはもはや状況が変わっていることを認めざるを得なくなった。

もしも一九九〇年代や二〇〇〇年代初頭に、豊かな国の政府が、排出枠総量に上限を設定し、自国の割当枠の縮小に合意していたのなら、貧困層にはある程度の余裕が与えられていたかもしれない。[142] しかし、上限は設定されなかった。世界の排出量は飛躍的に増加し続けている。地球の気温上昇は、蒸気機関の時代からの累積排出量に比例する。排出量が増えるほど気温は上がる。だからカーボンバジェットのような仕組みが考え出されたのだ。COPが二十五回を数え、無策無為の時代が三十年に近づくなかで、温暖化を妥当なレベルに抑えるカーボンバジェットは尽きようとしている。誰にとっても残された余地はあまりないのだ。「富める者も貧しい者も、誰ひとりとして」排出してよい権利のようなものを持つことは許されない。[143] あらゆる排出をただちにゼロにしなければならないからだ。幸いなことに、これは貧困国を永遠の貧困に陥れるものではない。貧困国が必要としているのは排出量ではなくエネルギーであって、再生可能エネルギーが全体として安価になれば、物質的な豊かさへの願望を犠牲にせずに移行がなされるからだ。[144] しかし、奢侈的排出と生計用排出の区別は置き去りにされるのだろうか？　そうした区別はもうどうでもよくなったのだろうか？

話は正反対だ。奢侈的排出は、カーボンバジェットが残り少なくなるとさらに凶悪さを増す。少なくとも六つの理由からだ。第一に、それが引き起こす害はいまやただちに生じる。[145] 一九一三年に蒸気船で一日過ごすことは、それ自体として大きな犯罪ではなかった。大気中に蓄積されたCO_2量は比較的少なく、濃度はまだ三〇〇ppm以下であり、蒸気船の煙突から吐き出されるガスがスーパー台風を作り出すことも、乾燥した森林で山火事を起こすこともなかったからだ。しかし、大気がすでにCO_2で満たされている状態では、浪費にほかならない過度の排出は直接的に有害な影響をもたらす。一九一三年なら富裕層は無知を決め込めただろう。今はそうではない。英米の犯罪学者の研究チームは、度を超した化石燃料消費を犯罪に分類すべきだと主張している。[146] 第二に、その凶悪さは、奢侈的排出の主要排出源――富裕層の過剰移動性(ハイパーモビリティー)、たがが外れたような頻度と距離のフライトやクルージングにドライブ――そのものが、自分たちはいつでも安全な場所に移動できるために、かれらをみずからの行為に煩わされずに済ませてしまう状況を作り出すせいで、深刻さを増している。[147] 濃度が四〇〇ppmを超えた現状で、超富裕層として過剰移動性を発揮することは、他人の生命を危険にさらすと同時にその危険から見事にのがれることなのだ。

第三に、奢侈的排出は相も変わらぬ日常(ビジネス・アズ・ユージュアル)というイデオロギーの槍として、最も持続不可能な類の消費を維持するだけでなく、それを積極的に擁護している。[148] これは理想的な生活として販売されている犯罪である。中流階級の消費はこれを模しており、世界中の成金(ヌーヴォー・リッシュ)たちは〇・〇〇二七%の仲間入りをしようと躍起になっている。一℃を超えた分の気温上昇が地球に与えたダメージは、この星の資源の浪費こそが人生の意味なのだと宣伝し続ける人びとに負うところが大きい。第四に、化石燃料の燃焼に費やされた金銭は、その燃焼による被害者の支援に用いることが可能なときに、新たな倫理的な意味合いを持つ。イロナ・オットーらによる共同研究は、二〇一七年の一年間だけで――公的な記録によると――四十四人がそれぞれ十億米ドル〔千二百億円〕以上を相続し、総額では千八百九十億ドルに上ると指摘している。気候変動への適応策に資金を提供する世界上位四社のグローバルファンドが承認したプロジェクトの総額は二七・八億米ドル〔三千三百三十六億円〕相当だった。このようにして、四十四人は、世界中の気候危機の被害者すべてに割り当てられた額の六十八倍もの不労所得を手にしており、おそらくその一部はスーパーヨットなどにそのまま使われている――まるで地下水に毒を入れると同時にスラム居住者から水の浄化剤を奪い取っているようだ。こうした犯罪が織りなす効果は気温上昇が進むにつれていっそう激しくなっているのである。

第五に、そもそもの洞察がこれまで以上に当てはまることだ[149]。排出量削減に着手しようとするのなら、説得力のあるあらゆる原理に基づいて、奢侈的排出をまず削減しなければならない。CO_2排出量がいっそう増えていくほど、もうこれ以上は排出不可能な段階に到達したときに、誰の排出を最初に削減するかを巡って、衝突がいっそう激しくなるかもしれない。その計算を先延ばしにする時間がほとんどないのと同様に、今後排出できる量もほとんどない。このような状況から、最後となる六番目の理由が導き出される。奢侈的排出のきわめて戦略的な位置づけだ。奢侈的排出は緩和の取り組みをとてつもなく強い力でくじいている。入り江を静かに航行するスーパーヨットを目にしたり、富裕層向けのタワーマンションや超高層ビルの着工数が史上最高を記録したというニュースを耳にしたり、ガソリンをがぶ飲みする自動車の販売台数が依然として急増しているという記事を読んだりすれば、それだけでもう排出量が今後削減されるだろうという期待を誰もが失いたくなる。最大級にばかげた無用の排出を止めることができないならば、どうやって排出量ゼロに向けて動き出せばよいというのか？　温室効果ガスの蓄積量が増えるほど、この問題の重要性はますます強調される。生計用排出も他の排出と同様に克服されなければならないが、CO_2ですでに飽和した世界で奢侈的排出がもつ特徴はひとつとして示さない。かれらは理不尽な華美による犯罪を行い、温暖化の悪影響から避難し、浪費を奨励し、適応に用いるリソースを出し惜しみし、唾棄すべき異説にこだわり、削減という考え方そのものをこれ見よがしに否定してみせるのだ。水田からメタンガスを排出したり、かまどからCO_2を排出したりする小農に同程度の道徳的責任を負わせることなどありえない。[150]実際、化石経済が定着すればするほど、小農の選択の幅は狭まるかもしれないのである。

つまり、国家は奢侈的排出を抜本的に削減しなければならない――理由は奢侈的排出が総排出量の大部分を占めるからではなく、その位置づけにある。オットーらの研究チームは、「家庭と個人の排出量への強制的な制限」により、富裕層を慎ましくさせることを提案する。[151]こんにち支配階級が富裕層――つまりは自分たち自身――の消費に強制的な制限を課す可能性は、かれらが革ジャンを着て戦時共産主義を宣言するのと同じくらい低い。この犯罪が捜査や訴追の対象になることもなさそうだ。犯罪学者が指摘するように、資本主義は消費に報い、崇拝することがすべてだからだ。[152]現在の階級間の力関係の下では、気候のことを考えるふりをする平均的な資本主義国家は、むしろ正反対のところから取りかかろうとするだろう。生計用排出への攻撃である。

それこそまさに、気候外交の立役者であると同時に私的奢侈を最大限擁護するエマニュエル・マクロンが二〇一八年のフランスで行ったことだ。黄色いベスト（ジレ・ジョーヌ）運動の発端となった燃料税は庶民が使う自動車を標的にした。家賃と住宅価格の長年の上昇により、フランスの労働者は都市からその後背地への転出を余儀なくされてきた。そうしたところでは、公共交通機関が慢性的に未発達であるため、職場まで通勤し、公共サービスを利用しようと思えば「車がなければどうにもならない」[153]。シューならこうした状況を理解するだろう。マクロンの炭素税は、人口の下位十％に対し、人口の上位十％の五倍もの負担を強いた――これは事実上、なんとか生きていくことそのものを対象とした逆進税であり、奢侈はあらゆる制約から解き放たれるのだ――金持ちどもの大統領（ル・プレジダン・デ・リッシュ）〔元々はニコラ・サルコジが大統領だったときにサルコジとその政策を批判的に分析した二〇一〇年刊行の書籍のタイトル〕の手によって。もちろんこれは激しい反発を招いた。しかし、他のブルジョア政府がマクロンのように気候に強い関心を持つとすれば、同じ轍を踏むことになるかもしれない。奢侈的排出が少しの取り組みで成果をもたらす緩和策の対象と見なされて久しい。しかしどの国もあえて手を出すことなく放置され、いまや重く腐った果実のようだ。今こそ棒を拾い上げ、はたき落とさなければならない。

消費の領域にかけられた呪縛を解くには、奢侈的排出を生み出す装置への攻撃が必要かもしれない。ダイベストメントが化石燃料の配当で儲けることを阻止し、配当の受取をスティグマ化してきたのとおおよそ同じように、ここでの目的は別の論理をたたき込むことだろう。金持ちには他人を燃やして死なせる権利などないのだ。金持ちは権力や財産を膨らませ続ける大気をみずからの私有財産とみなしているかもしれないし、同じ原理に基づいて、核弾頭を手に闊歩することを許されてしかるべきだと考えているかもしれない。破壊的な装置の無効化（ディスアーマメント）とはまさしく、また何よりも、突破口を開いて、緩和のための唯一の実行可能な道筋へ至る試みだ。今すぐに排出量を削減しなければならないのであれば、富裕層から手をつける必要がある。これは実現可能性という点ではぎりぎりのところにある。そうであればこそ、フェダイーンたちがモデルになるかもしれない。かれらがイランの王政を打倒する闘いを始めたのは、労働者が「敵の絶対的支配」の下に置かれ、「既成秩序を変えることなどとうてい無理」と感じているように見えた時のことだったと、アミール・パルヴィーズ・プーヤン〔一九四六－一九七一。フェダイーンの創設者のひとり〕は記している。プーヤンは一九七〇年の小論「武力闘争の必要性と「生存」理論への反駁」（'The Necessity of Armed Syruggle and Refutation of the Theory of "Survaival"'）で、民衆の影響力をものともせず、変わりようもなくすべてがあらかじめ決まっているかのように思える体制の重苦しい空気を巧みに描いている。[154] こうした状況の下で希望を絶やさずにいることなどできるのか？「生き残るためには攻勢に出なければならない」とプーヤンは訴えた。

敵であるブルジョワジー、官僚たち、外国企業の手先ども、つまりは富裕層に属する場所や施設などどこであれ、そうした場所で小さなサボタージュが行われれば、新たな構想の幅は広がっていくだろう。そうした妨害行為は、継続されることによって、敵が失うことを極度に恐れる当のものをこそ危険にさらすことになる。(中略)呪縛が解かれ、敵はさながら打ちひしがれた魔法使いのようである。

このテキストこそが、王政の崩壊を先導した戦闘的な世代の目を最もはっきり見開かせたものだった。

*

しかし、消費が〇・〇〇二七%の超富裕層に限った問題だと考えるのは勝手な誤解というものだ。奢侈的排出すらこうした人びとに限った特権ではない。自動車市場を席巻するSUVは地球に驚愕すべき結果をもたらしている。二〇一九年後半に、IEA〔国際エネルギー機関〕はSUVが二〇一〇年以降に増加した世界のCO_2排出量の二番目に大きな要因だと発表した。[★4] 電力部門が第一位であり、増大するSUVの車列が第二位となり、重工業——セメント、鉄、アルミニウム——や航空産業、海運業を大差で破ったのだ。もしもSUVオーナーが一つの国家だとすれば、二〇一八年のCO_2排出量は世界七位だった計算だ。SUVの販売シェアの絶え間ない増加は、燃料効率の改善と電気自動車の普及がもたらす総削減量を相殺している。きわめて大きく重いために、こうした車種はガソリンをバカ食いするだけでなく、生産段階でも大量のエネルギーを消費する。しかも後者をIEAは計算に入れていない。それも含めたら、気候破壊度はデータにはるかに明確なかたちで現れただろう。その原因は、必需とは認められないニーズを満たす商品にあるのだ。この手の大型車（タンク）に乗っていれば安全というのは幻想だ。SUVのドライバーは、他車種のドライバーと比べて追突事故に遭い、死亡する確率がずっと高い。IEAが指摘しているように、これらのモンスターは「富と地位の象徴とみなされている」ため、世界中で売れまくっている。この惑星は、富裕層によって、そしてその列に加わりたいという欲望によって燃やされているのである。

グローバルノースでのSUVの売り上げは、気候危機の深まりときれいに対称するようにして急上昇している。SUVは最初に米国市場を席巻し、二〇一六年には自動車販売の六十三％に達した（アナリストによると七年連続の総販売台数上昇は「前例のない連続」を示している）。[155] ヨーロッパでは「チェルシー・トラクター」が二〇〇〇年代初頭に登場した。[156] この時期は第一期気候運動が始まる直前だったが、第一期が終わる二〇〇九年の市場占有率は七％だった。市場シェアは二〇一八年には三十六％に達し、三年後には四十％に達するとの予測がなされた。スウェーデンでも売り上げは大幅に伸びた。二〇一三年から二〇一八年までのわずか五年間でSUVの販売台数は二十％急増している。この傾向に歯止めをかける「インディアン」は現れなかった。

自動車メーカーは新しいモデルを絶えず発表し、宣伝には惜しみない金額を費やしている。しかし運動は軌道に乗ってきた。[157] 二〇一九年九月、フランクフルトで開催された世界最大の自動車見本市「国際モーターショー」（IAA）に抗議して、エンデ・ゲレンデらドイツの活動家グループが二万人を動員してデモと直接行動を実施した。自動車産業がこれほどまでに非難の対象となったことはかつてなかった。直前にはSUVによる死傷事故が相次いで起きていた。最も劇的だったのは、ベルリンで高級車のポルシェ・マカン〔同社のクロスオーバーSUV〕を運転していた男性が車を制御できなくなって歩道にいた歩行者たちに突っ込み、六十四歳の女性と三歳の孫など四人を殺害した事件である。[158]「戦車のような」自動車の禁止を求める声が上がった。アンゲラ・メルケル首相がフランクフルトでショーの開催を宣言した後、活動家たちはSUVの上に登り「気候殺害犯（Klimakiller）」と書かれた横断幕を広げた。二カ月後、フランスの日刊紙リベラシオンは上流社会の本拠地であるパリ十六区のある通りで、路上に停めてあった複数のSUVが一晩でタイヤの空気を抜かれていれていたと報じた。[★5] SUVを対象としたこうした行動はさらに増えるだろう。

*

運動が財産の毀損や破壊を慎んでいると述べるのは不正確なところがある。ドナルド・トランプが大統領に選出された夜、アイオワ州のデモイン・カトリック労働者運動のメンバーであるジェシカ・レズニチェクとルビー・モントーヤの二人は、州内のダコタ・アクセス・パイプラインの建設現場に不法侵入した。[159] 二人はボロ布とモーターオイルの入ったコーヒーキャニスターを携えており、それを重機六台の運転席に置いてマッチに火をつけた。この襲撃で六台のうち五台が炎上した。レズニチェクとモントーヤは独学で知識を得て、酸素とアセチレンを使った溶接トーチを使ってパイプの鉄を焼き切る方法を学んでいた。防護服に身を包んだ二人は二〇一七年の春に州のあちこちでパイプラインを襲撃して穴を開け、毎回の電撃的な襲撃時間を七分にまで縮めた。そして二人は再び放火を始めた。多数の現場で機材がガソリン漬けの小包で火をつけられた。二人が攻撃した資産はエナジー・トランスファー社のものだった。パイプライン会社の複合企業体である同社の経営陣には、トランプ政権でエネルギー省長官を務めたリック・ペリーが加わっていた。

レズニチェクとモントーヤは、スタンディングロックを中心としたダコタ・アクセス・パイプライン反対運動に深く関わっていた。[160] 二人は敗北〔トランプ政権によるパイプライン建設再開〕に対し、膝を屈するのではなく、次の段階に進むという対応に出たのだ。この二人のカトリック労働者はコミュニケでこう説明している。

私たちはあらゆる手立てを模索し、やるべきことはすべてやった。公聴会に出席し、環境影響報告書への正当な要求に対する署名を集め、市民的不服従に加わった。ハンガーストライキ、デモ、集会、ボイコットやキャンプにも参加した。その結果私たちが目にしたのは、政府が人びとの訴えに耳を貸すつもりがまったくないという状況である。[161]

最終的に二人は名乗り出ることを決めた。「私たちは公の場で話をすることで、水、土地、自由に対する私たちの権利を否定するインフラを解体するために、純粋な心で大胆に行動するよう人びとを励ましたいのです」と、二人は記者会見で語った。二人によるサボタージュは、パイプラインの建設を何カ月か遅らせたが、どれだけ頻繁にパイプラインに穴を開けたところで、もちろんたった二人だけではこの怪物を破壊することはできなかった。組織的な拡大がなければならなかったのだ。[162]

ドイツでは二〇一八年九月、ハンバッハの森をめぐる争いが決定的な局面に達していた。[163] 警察が褐炭鉱を拡張するために排除に乗り出したのだ。樹葉の天蓋にある「村」がまず解体されることになった。活動家たちは数年かけて、約六十のツリーハウスを最大二十五メートルの高さに建設し、森を永続的に保護するために、相互に連結したコミュニティ――「バリオ」と呼ばれる――を作り上げた。警察はクレーンがなければツリーハウスにアクセスできない。最初にクレーン貸し出しを契約した会社は従業員から反対意見が出たために辞退し、次の会社は世論の圧力を受けて辞退した。三番目に受注した会社が警察側に貸し出したため、警察はクレーンを空中で振り上げて活動家を捕らえ、三角錐に組まれた構造物や居室、二階建ての小屋を破壊した。その光景は国が石炭のためにこんなことまでするのかという怒りをかき立てた。すると何者かがこの二番目の会社の倉庫に忍び込んで火をつけた。この行為は別の倉庫でも繰り返されている。一方、地球の友ドイツ〔BUND〕が石炭会社〔RWE社〕を相手にした地方裁判所での訴訟に熱心に取り組んでいたところ、これが運動にとって意外な勝利をもたらした。判決が出るまでの間、伐採停止が命じられたのだ。〔二〇一八年十月、この決定が出た翌日には〕五万人が参加した集会が森の横の敷地で行われ、伐採の一時停止を歓迎し、褐炭との闘いの勝利に向けた決起を改めて確認した。本書執筆時点でツリーハウスは再建され、バリオには人が住み、木立にはまだ虫や鳥が生息している。

ハンバッハの森のスクウォッターたちは、警察や企業と低強度紛争を繰り広げており、時には木立の中や周辺でささやかなサボタージュを行ってきた。フランスのＺＡＤは戦闘的な戦術を用いて、ナントの北に計画された空港への建設反対闘争に勝利した（ZADは文字通りは「保護すべき地域」（Zone à défendre）のことで、ハキム・ベイのTAZ（一時的自律ゾーン）を連想させる一方で、開発整備予定地域（zone d'aménagement différé: ZAD）という行政用語をもじったともされる。土地を占拠してコミュニティを作りながら行われたノートルダム・デ・ランド空港建設反対闘争にならい、「ZAD est partout（ＺＡＤはどこにでもある）」というスローガンと共に世界各地のラディカルな闘争現場でこの名は広く用いられている）。他にもいくつかの事例があるが、運動はたいていの場合、財物破壊を戦術としては試さないままだ。もし財物破壊が一度限りの出来事以上のものになったとしたらどうだろう？何百、何千もの人びとがレズニチェクとモントーヤの行動に続いたらどうだろう？どのような理由で、それは後悔や非難の原因になるのだろうか？そうなったら暴力が堰を切ったように続いてしまい、即興的なテロリズムが生じることになるだろう——そうした批判が考えられる。暴力に歯止めがきかなくなるのではないかという主張について、レズニチェクとモントーヤは、自分たちの行動が暴力のカテゴリーに分類されることに激しく異議を唱えている。「地下から石油を掘り出すこと、それを行う機械、それを支えるインフラストラクチャ——これこそが暴力です」と、レズニチェクはインタビューで述べている。[164]「私たちは人の命を脅かしたことは一度もないのです。私たちは、人命を救うため、地球を救うため、私たちの資源を救うために行動して

ツリーハウス撤去後の森（2018 年）。2021 年には州政府によるツリーハウス撤去は違法との司法判断が示された。
(cc) Leonhard Lenz

ツリーハウスによるコミュニティ＝バリオ（2018 年）
(cc) MaricaVitt

縄ばしごで連結されたツリーハウス（2018 年）

いるのです。ルビー〔・モントーヤ〕なり私がこれまで行ってきたことで、平和的かつ慎重に、揺るぎない愛の手でなされなかったことは一つとしてありません」。ベトナム戦争で時には血やナパームで徴兵書類を毀損し、冷戦末期には核弾頭をハンマーで破壊したベリガン兄弟〔著名な反戦活動家。兄のダニエル（一九二一－二〇一六）と弟のフィリップ（一九二三－二〇〇二）は共にカトリックの聖職者〕によって、いっそう高潔なものとなった、カトリック労働者の伝統では、正義に基づく財物破壊は非暴力の範疇なのである。

こうした立場は聖書に裏打ちされている。イエス・キリストにもこの戦術はなじみのあるものだ。ヨハネによる福音書には、神殿で家畜を売って利益を得る商売人や両替人の姿を見て激怒し、「縄で作った鞭」を使って家畜を追い出し、両替人の金をまき散らし、その台を倒したことが記されている。[165] 世俗哲学にも根拠を求めることができる。子どもの足を折ることとテーブルの足を折ることとが似ているとするのは欺瞞的だという見解はずっと存在する――痛みを感じるのは子どもだけだからだ。[166] 負傷するのは子どもだけであり、尊厳を侵害されるのも子どもだけだ。テーブルには利害関心も精神状態もない。この考え方によれば、無生物を傷つける物理的な力は暴力とはみなされない。なぜなら一般に暴力と呼ばれる自明の悪を構成する効果をもたらしえないからだ。少なくとも、物理力を行使される側は感覚をもつ存在でなければならない。

しかし、はるかに普及しているのは正反対の見解だ。たびたび引用される哲学論文によると、暴力は「つねになされるものであり、それはつねにあるものに対してなされる。典型的なのは人、動物、または財物の一部である」。[167] この三番目に分類される物体――窓、自動車、商活動の現場

——は、破壊や焼き討ち、投石などのさまざまな暴力行為の対象になりうる。しかし、老朽化した家を命令に基づいて解体したり、庭先にある畑で枯れ草を注意しながら燃やしたりすることはどうだろうか？ この基準を満たすには、財物を傷つけたり壊したりする物理的な攻撃は「きわめて精力的、扇動的、または悪意に満ちて」いなければならず、この最後の点が一番重要な属性だ。同様に、テッド・ホンデリッチは政治的暴力を「政治的・社会的な意図のもとに、人やものを傷つけたり、壊したり、侵害したり、破壊したりする物理的な力の行使」と定義している。[168]チェノウェスとステファンは「暴力的な戦術には、爆弾攻撃、銃撃、誘拐のほか、インフラ破壊などの物理的なサボタージュをはじめ、人や物に物理的な危害をさまざまなかたちで加えることが含まれる」と記している。[169]こう定義した上で、二人が非暴力の事例を一つでも挙げることができたら実に見事なものだ。ベルリンの壁の崩壊？ 誰も壁を作っていたセメントを優しく撫でたりはしていない。

しかし、戦略的平和主義者は、二十一世紀初頭において、とくにグローバルノースでは、財物破壊が人びとの目に暴力として映りがちであることを正しく指摘する。[170]同様に、ほとんどの人は、縄で作った鞭を武器と見なし、両替人を追い払って、使っていた台をひっくり返すことを小さな暴力が次々に繰り出されたのだと考えるだろう。大衆にこびを売る論証に屈してはならないが、一般的な言い回しからあまりに外れたことばに意味を与えるべきでもない。暴力の定義から物を仮に除外するとすれば、シャンゼリゼ通りを行進しつつ、ショーウィンドウを片っ端からたたき割っていく黄色いベストの群衆が、実際には非暴力を実践していると世界に納得してもらわなければならないことになる――概念を引き延ばすにしてもやりすぎであり、レトリックを無駄に駆使することでしかない。

財物破壊とは暴力であることを受け入れなければならない。ただしそこには、財物破壊を望まない人物（たとえばリック・ペリーとその仲間のエナジー・トランスファー社の株主たち）の資産に損害を与えるために、意図的に物理的な力を行使する限りという条件がつく。しかし、まさに同時に、それが人間（または動物）の顔を殴る暴力とは種類が異なる点を強調しなければならない。[171] その理由は先ほど述べたとおりで、車を残酷に扱ったり、泣かせたりすることはできない。車には火をつけられると部分的に失われる権利は存在しない。車の後ろ側にいる人――運転手や所有者――に一定の損害は生じる。その車を好きなように使うことができないからだ。しかし、その人物に火をつけてしまうことは別の話だ。マーティン・ルーサー・キング――その倫理的指針は、ガンジーに匹敵するほどの驚くべき信頼性を得ている――は、一九六七年の都市暴動を擁護するなかでこの区別を擁護している。「たしかに黒人たちは暴力的でありました。しかしかれらの暴力は、人体に対してではなく圧倒的に財物に向けられていたのです」[172]。そして暴力行為の種類のなかでも、この点にこそ違いがあると指摘する。「生命は神聖です。財物は生命に奉仕するものなのですから、いかに財物を権利や尊敬をもって飾りつけたところで、人格を持つことはありません」。ではなぜ暴動を起こした人びとが「あれほど財物に暴力を向けたのでしょうか？ その理由は、財物が、かれらの攻撃と破壊の的となっている白人の権力機構を象徴しているからです」。

きわめてよくある——キングのものともおぼしき——見解によれば、無生物の物体も暴力を経験しうる。その理由はそれが財物であり、それが傷つけられたときに間接的に傷つけられると主張することのできる人間との関係の身代わりになっているからだ。ゴミ捨て場に放置されている錆びた車台を粉々にしても暴力にはまずならないだろう。その損失を経験する人が誰もいないからだ。しかし、このような間接性こそが物の破壊を〔人に危害を加えることから〕区別している。人を扱うこととその人が所有する物を扱うことを等しいものにすることはできないからだ。自分の車が大好きでしかたがない人ですら、その車のタイヤを切り刻むことと、自分の肺を切り刻むこととは倫理的には別物であることを認めることだろう。最も極端なブルジョワ・フェティシズムの立場を取るときにのみ——所有された物体は実際には生きていると主張することで——、この区別に反論することができるだろう。しかし一つの例外が、人を殺すことや傷つけることに近づく種類の財物破壊が存在している。すなわち生計を維持するための物質的条件を破壊するものだ。飲料用の地下水に毒を入れたり、ある家族に最後に残されたオリーブ園を燃したり、あるいは気候変動にかかわることなら、メタンを排出するという理由でインドの貧しい農村にある水田を空爆したりすれば、心に刺すような痛みを覚えるだろう。そのまったく対極にあるのが、スーパーヨットをこっぱみじんにすることだ。

　さて、財物破壊とは暴力であり、人にたいする暴力よりも重大ではないことを私たちが受け入れたとしても、そのことそのものは、財物破壊という行為への非難も容認ももたらさない。財物破壊はできるかぎり回避すべきものであるように思われる。革命的なマルクス主義者ですら、財物破壊を明白によくないとするに違いない。私有財産とは、人間のニーズの一部を多くの場合――その頻度は下がっているとはいえ――満たす生産力を、資本主義が巧みに獲得するための一形態だからだ。人びとが気まぐれや面白半分で、カフェにレンガを投げ込んだり、学校の塀を倒したり、ジャケットを切り裂いたりするような状況など望ましくない。むしろ財物への攻撃を考えるときには、緊急性の高い状況がつねに存在しなければならない。それからバランスを取る行為が始まる。

「一人の女性の命は、その健康は、その四肢は、一枚のガラス窓より価値があるのではないか？」と、エメリン・パンクハーストは問いかけた。[173] あるいは、暴力的な市民的不服従について思索をめぐらすある哲学者の言葉を借りれば、著しく不道徳な戦争が行われている場合、線路を良好な状態に保つという鉄道技師の権利は「それを使う軍隊が目指す国の人びとがもつ、もっと大切な、生命そのものへの権利」に押しのけられうるのである。[174] 気候崩壊下では、天秤はたちまち傾くかもしれない――一方にはパイプラインや掘削機、SUVなどがあって、もう一方には、いい、い、い、い、い、い、い、すべての価値観を包含するために、どうしても無限化していく責任がある。女性の命、健康、四肢、人びとの生きる権利、その他すべてのものがいま危険にさらされているのだ。このように危機が時間という次元にあるがゆえに、パンクハーストの問いは、未来を担う世代の立場からも提起されなければならない。いま学校にいる世代が、あるいは来年生まれてくる世代が大きくなったら、化石経済システムはまともに敬意を払われていないと考えるようになるのだろうか？　私たちが今の時点からサフラジェットを振り返るとき、フェミニスト的な意識をいくばくかでも持ち合わせていれば、叩き割られたガラスを払わられるべき代償だと見なすだろうが、将来世代もそのようにして今このときを振り返るのだろうか？　しかし、サフラジェットたちが窓ガラスを割り、ポストを燃やし、絵画をハンマーで壊したりしたとき、そうした事物それ自体は、男性による参政権の独占という問題と、せいぜいかすかな関わりがあったくらいだ。今日では、化石経済システムこそが問題なのである。

さらなる指針を得るために、市民的不服従と政治的暴力にかんする現代の研究に目を向けてもよいだろう。きわめてシャープな理論家ウィリアム・スミスは近年「占拠、サボタージュ、財物破壊、その他の類の実力行使」としての直接行動に注目している[175]。直接行動とは、対立相手に計画の遂行を諦めさせたり、その取り組みが繰り返されるのを阻んだりすることを目的とするものだ。スミスはこうした一連の行為を、良心に訴えかける説得に重きを置く市民的不服従とは異なるものと見なしている。直接行動はいったいどのような場合に正当化されうるのか？　スミスは三つの基準を設けている。

第一に、直接行動は、深刻で回復不能な危害をもたらしたり、それを生み出すような急迫なおそれを生じさせたりしかねない活動の中断に限定されなければならない。合法的なアドボカシーや市民的不服従をきっかけとする考慮と再検討のプロセスが自然になされるより前に、あまりに多くの損害が発生する場合には、状況の緊急性は、合法的な行動を好ましいとする前提よりも優先するに足りるものとなるだろう。

なお、この議論は気候変動を論じるために作られたものではない。それについての言及はなされていない。

第二に、穏当な戦術ではどうにもならず、進展がないこと自体がその害悪の構造的な根深さのしるしであると見なす根拠がなければならない。第三に、不正をはたらいている者がそれに背いたり違反したりしてい流けれども、活動家が引き合いに出すことができる、少なくとも理念的には高次の憲章や条約、規定が必要だ。病的なまでに過度で支離滅裂な饒舌が三十年かけて制度化されたおかげでこの点では不足はない。国連気候変動枠組条約からパリ協定まで、儀式ばって公表された（少なくともヨーロッパでは）各国のプレッジや計画は言うまでもなく、協定やコンセンサスにあたる文書が図書館を埋め尽くさんとするばかりに存在しており、気候運動家が重罪人を追及するには十分だ。しかしスミスは、これら三つの基準がすべて完全に満たされていなくてもよいことを認めている。「危害の深刻さや緊急性」は、直接行動がこれ以上の正当な理由を必要としないほど大きなものかもしれない。

こうしたラディカルな立場には甚だしく常軌を逸したようなところは一つもない。むしろ学術界は似たような推論で満ちている。[176] またスミスだけが、抵抗への権利がある時点で義務に変わりうると主張しているわけでもない。実際、気候危機の重大性がいったん正当に認識されるなら、どのような倫理的規範を束ねたところで、権利から義務への変化を押しとどめた上で、気候変動の原因となる財物の破壊の禁止を支持するのは難しい。これまでのところ、CO_2排出装置の物理的保全が優先されるという主張はなされていないのである。

＊

テロリズムとはなにか？　第一章で見たように、ランチェスターは人びとがＳＵＶの車体を鍵で引っ掻いて傷をつけるという筋書きを想定し、その行為もこのことばに含めていた。これは適切だろうか？　これほどイデオロギーにまみれていたり、特定の時代の影響を受けていたりする概念も珍しい[177]。「暴力」という言葉には時の流れと同じくらいの歴史がある。しかし「テロリズム」という言葉がいま発せられるとすれば、ドナルド・ラムズフェルドやドナルド・トランプのような連中の腹話術なしではほぼありえないだろう。したがって、一般的な用法に譲歩する理由はあまりない。分析によって明らかになるなんらかの実体がテロリズムにあるとするならば、その核となる定義は、恐怖またはそれにきわめて近いものを引き起こす目的でなされる罪のない非戦闘員の意図的かつ無差別な殺害としなければならない。本書ではジェシカ・レズニチェクとルビー・モントーヤの行為が非暴力的であるという主張を退けた——二人にもテロリストというレッテルを貼るべきだろうか？　この定義に基づくなら、そんな分類は笑い飛ばすしかない[178]。

正戦論によると、テロリズムの種差、その名を毀損する固有の倫理的侵犯行為とは、人の殺害時に戦闘員と非戦闘員を区別しないことだ。レズニチェクとモントーヤは戦闘員を殺していない。一人として殺してもいなければ、傷つけてもいないし、誰かの髪の毛一本にすら触れていないのだから、テロリズムというカテゴリーから最も遠く離れたところに置かれなければならない。もし二人にテロリストのレッテルを貼ろうというのなら、CO_2排出装置に投資したり従事したりする人びとにこの語をあてはめることをまず間違いなく拒んだ上で、生物を一切傷つけない行為をテロリズムとみなし、実際に手当たりしだい人を殺す行為を無罪にすべきだと提案する事になるになるだろう。このような概念の乱用が、これまで通り(ビジネス・アズ・ユージュアル)の企業活動の守り手によってなされたとしてもまったく驚くにはあたらない。実際、大規模な財物破壊の発生を予見して、そうした動きがすでに始まっているようなのだ。二〇一九年には、デンマークとスウェーデンの諜報機関とその代弁者を務める研究者たちが「気候テロリズムが浮上している」という警告を発した。[179] スウェーデンの抑圧的な国家装置のイデオロギー的用心棒マグヌス・ランストルプの発言だ。しかしかれは、気候問題について公の場で発言するようなことはこれまでまったくなかったし、化石燃料の燃焼に触れたことなどもちろん一回もない。ランストルプやその仲間たちはレズニチェクやモントーヤによってなされたような行為を意識している。デンマークのある専門家は、第三サイクルの活動家について「かれらが、この問題を十分真剣に考えていないと見なす政治体制に不満を抱くようになり、ごく一部が暴力的な行動に走ったとしてもおかしくはない」と述べている。[180] この仮定の筋書きが示されたのは二〇一九年五月だ。またしてもパラドックスである。

　言うまでもなく、こうした議論はCO_2排出をテロリズムに分類すべきだと示唆するものではない。そうすることもまた、概念の濫用になるだろう(もっとも、無差別殺害がテロリズムの定義の核心にある以上、濫用の度合いはおそらく低い)。テロリズムという言葉の価値を切り下げるべきではないし、犯罪が矮小化されるべきではない。できるだけ多くの参拝者を殺そうとモスクに入る人物はテロ行為に着手している。パイプラインに穴を開けたり、貯蔵施設に火をつけたりすることは、環境倫理学の第一人者であるスティーブ・ヴァンダーハイデンによれば「〈テロリズムとは〉カテゴリー上は別種の行為」である。[181] こうした行為を感じさせる恐怖の雰囲気を作り出そうとしているのだという反論はありうる。資本家を恐怖で震え上がらせて従わせることを考えているのだろうか？　しかし、抑止力の確立はテロリズムの十分な条件にはなり得ない。周知のように、監獄制度が存在するのは、移動の自由を無効にすると脅すことで、市民が違法行為に走るのを抑止するためだ。監視カメラや武装警備員をはじめ、いまではまったく普通になった現象の数々にも同様の機能がある。親たちは、不健全なものへの恐怖心を植え付けるために、怖い話をしたり、声を荒げたり、ときには子どもを叩いたりさえしてきた。これらはすべて反対されるべき事柄かもしれない。しかし一つとしてテロリズムと呼ぶことはできない。モスク殺人者の唯一の目的は、ムスリムが身の危険を案じ、自分たちがムスリムだというだけで、いつ殺されるかもわからないと思いつつ金曜礼拝に行く雰囲気を作ることだ。財物を失うことへの恐怖は、それとはカテゴリー上は別種の恐怖だ。身体ではなく、バランスシートと予算にかかわることなのである。

「破壊行為（ヴァンダリズム）」のほうが、ここまで財物の損壊の意味で使ってきた「サボタージュ」よりも適切だろう。血が流れない限り、これは選択肢の一つだ。血が流れた瞬間に話は変わる。誤りから、あるいは意図的に血が流れることはありうる。しかしそうなる必要はない。二〇〇四年、ノルウェー国防省に務める二人の学者が、テロリズムとして記録された五千件を調べたところ、二人がいう「石油テロ」が二百六十二件見つかったという。石油インフラや人員への攻撃と定義されるものが、中東、ナイジェリア、コロンビアで集中的に発生していた（うち一件が環境活動家によるものだった）。[182] 死傷者が出たのはわずか十一％で、大半は一人か二人だった。人員への攻撃を除くと、死傷者はほぼいなかった。犠牲者が出た攻撃の大半は、血を流すことにほとんど罪の意識を感じなかったイスラミスト——たとえばアルジェリア内戦——によるもので、一九八〇年代西欧の反帝国主義戦線を含む左翼急進派やその他の世俗的な組織のあいだには流血を避ける傾向があった。したがって「石油テロ」に伴う死傷者の発生は、「イデオロギーの違いによって説明できる」と、このノルウェー人研究者二人は結論づけている。しかしだからといって、イスラミストが石油インフラを攻撃するときに人を殺す必要があるわけではない。アブカイクへのドローン攻撃では、人間の身体への被害は一切記録されていない。

ここで習得すべき技術とは制御された政治的暴力である。シャープビル大虐殺の後で居住区が騒然としているとき、ネルソン・マンデラは同志であるＡＮＣ指導部を説得しようとしてこう述べた。「暴力は、わたしたちがそれを採用してもしなくても、いずれ表に出てくるだろう。それなら、命を守るために抑圧をはねのけるという原則にもとづいて、わたしたちが暴力を指揮するほうが得策ではないだろうか？」[183] ランストルプのような賢者たちは似たような気運を見抜いていたのかもしれない（ただし相似点が誇張されるべきではないのは言うまでもない）。マンデラが選択肢を検討したとき、テロリズムとゲリラ戦もそこにあった。しかし「テロリズムは必然的に、それを使用した人びとに悪い印象を与えた。ゲリラ戦も可能性としてはあったが、ＡＮＣは暴力を全く受け入れようとしなかったので、個人に対して最も害を与えない暴力の形、つまりサボタージュから始めることが理にかなっていた」。

本書執筆時点では、第三サイクルは着実に拡大しているが、アルカイダとダーイッシュ〔＝イスラーム国〕がいまだ脳裏を去らない政治情勢のなかで、もし運動の一部がテロリズムを利用でもしたら運動は壊滅的なダメージを被るだろう。意図しない死傷者が出ても同じことだろう。気候運動が蓄えてきた道徳資本は一撃で減価や消滅となりかねない。殺人が正当な大義にとって悪い結果をもたらすならば、その大義が明白に許容しえない事柄は、弱体化ではなく強化されるのであって、だからこそサボタージュを真剣に考えている気候運動のあらゆる闘士（ミリタント）には「どんな形にせよ、自分や他人の生命を危険にさらしてはならない」というMKの本来のルールを遵守することが求められる――あるいは、ウィリアム・スミスに従って、サボタージュは「やむをえずなされる、〔対象との間で〕釣り合いの取れた、相手をはっきり区別する」ものでなければならない。[184] 負傷する可能性があるならば、その危険があることを人びとに警告し、人間への嫌がらせや脅迫をやめ、環境にダメージを与えないように用心すべきだ。こうした歯止めはあらかじめ保証されるものだろうか？ いうまでもなくちがう。あらゆる戦術的な選択と同じく、瞬時に築かれなければならない。ジェシカ・レズニチェクとルビー・モントーヤはこの分野の教師役であり、化石燃料のインフラを「確かな愛情のこもった手で」解体しているのである。

＊

私はかつて、会場に一杯の聴衆を演説で盛り上げた後のビル・マッキベンに尋ねたことがある。いつになったら——状況はマッキベンが詳しく述べたように切迫しており、そのことはここにいる誰もがわかっている——運動はエスカレートするのか？　マッキベンは目に見えてそわそわしていた。答えの最初の方はいわば非対称性による反論だった。[185] ある社会運動が暴力行為に及んだとたん、運動は、軍事力で圧倒的に優る敵方に有利な場所に移ってしまう。国家は武力を用いた戦いを好む。自分たちが勝つことはわかっている。こちらの強さは数だ。これは戦略的平和主義者の持論なのだが、誠実さを欠いている。圧倒的な非対称性がある領域は暴力に限らない。敵はメディアのプロパガンダ、制度間での調整、兵站資源、政治的正統性、そして何よりも資金など、事実上あらゆる分野で圧倒的に優勢だ。運動が上り坂での戦いを避けなければならないのであれば、ダイベストメントキャンペーンは思いつく限り最悪の選択だ。資本によって化石資本を掘り崩そうとするからである。

これまで何世紀、いや何千年もの歴史を通じて、パチンコで強大な敵を打ち負かすなど、敵の鎧に入ったひびを見つけるほどまでに考え抜かれた独創的な戦術が展開されてきた。二〇一八年春、包囲下ガザ地区での大衆的抵抗の一環として、パレスチナ人たちが編み出したのは、イスラエルの物や設備を燃やすために、発熱性の物質を運ぶ凧や、ヘリウムを注入して膨らませたコンドームを分離壁の向こう側まで飛ばす技術だった、原爆に加えて最新鋭のロケット弾迎撃システムで完全武装した中東最強の国家は、骨の髄まで収奪された人びとが発射するルンペン・ミサイルの前になすすべがなかった。二〇一九年に世界を席巻した民衆反乱における群衆は、ベイルートのブティックを鉄の棒で叩き壊し、ハイチの首都ポルトープランスを見下ろす高級住宅街でSUVに火を放ち、エクアドルの首都キトで警察との激しい衝突に身を投じただけでなく——エクアドル最大のパイプラインは抗議する先住民族の「妨害」によって停止された——、イランとイラクで銀行や政府の建物を燃やし、市民的抵抗モデルを日々ずたずたにした。群衆はまた、銃なき戦争の創造的な古くて新しい技術も大いに活用した。サンティアゴでは、最大五十個の携帯型レーザーを使って、上空を飛ぶ警察のドローンを墜落させた。香港では、通りを「ミニ・ストーンヘンジ」(二つのレンガを少し隙間を空けて縦置きし、そこに横にしたレンガを渡したもの)で埋め尽くし、警察車両の進路を塞ぎ、中世を思わせる巨大な木製弩砲を作り、中国国家の陣地に向けて火炎瓶を発射した。[★6] この領域での非対称性を下から覆すことは絶対にできないとか、暴力と数の力とはつねに相容れないといった決まりなどない。むしろ、非武装型集団的暴力は、そうした力の一つの表れであり、無敵に見えるものを打倒する一つの方法である。それにとって財物破壊は絶対になくてはならないものである。気候闘争で財物破壊がかなり大きな割合を占めることは果たして可能だろうか？　運動がタブーを克服してはじめてそれは実現する。

非対称性による反論を退けると、次にたちまち登場するのは時間による反論だ。私たちはまだ非暴力をやり尽くしていない。求められているのは忍耐だ。完璧に市民的な(非暴力な)不服従にもう一度チャンスを与え、必要ならあと何年か掛けて成熟させなければならない。しかしこの反論には、暴力は軽率だという先ほどの批判はほぼ結びつかないだろう。ここでもまた、問題の時間性を踏まえると、真逆の反論――今までうんざりするほど忍耐してきたという主張――の方がしっくりくるだろう。「私たちは夢の世界に住んでいる」と、ジョージ・モンビオはかつて指摘した。

私たちの見ている夢によって、もうすでに始まっているように、地球上で人間が生活するために必要な環境が破壊されるだろう。もしも我々が理性によって治められていたならば、いまバリケードにいるところだ。レンジローバーや日産パトロール〔共に大型高級SUV〕のドライバーを運転席から引きずり出し、石炭火力発電所を占拠して停止させ、バルバドスで現実逃避するブレア夫妻のもとへ押しかけ、ヒトラーと戦争した時と同様の劇的な経済生活の方向転換を求めているだろう。[186]

この一節は二〇〇三年に書かれたものだ。

しかし、火炎瓶を作るとか、コーヒーキャニスターにモーターオイルを満タンに注ぐというのは誰にもできることではない！　これが人口論からの反論だ。非暴力は大衆にとって本質的に魅力的であり、暴力は受けつけられないという主張である。一見すると、これもまた誠実ではないように思える。特別なスキルや身体能力を必要とする活動は、まさにそうであるがゆえに、止めるべきだとはふつう考えないからだ。消防士に救出された人で、誰もが健康で敏捷に動けるわけではないのだから、あなたは家にいるべきだったと文句を言う人はいないだろう。社会的なプロセスには分業がつきものだ。しかし、よく見てみると、この反論はかなり手強い。技術的なものではなく政治的な関係や取り決めに関わっており、ここでは大衆が参加することが、病院の手術室とは異なり、それそのもので意義のあることだからだ。また経験的に言えば、一般論として、チェノウェスとステファンの言うことはもっともだ。「参加への障壁という点では、暴力的な反乱よりも非暴力的な抵抗の方がはるかに低い」[187]。デモ隊が占拠した広場のお祭りムードを見れば明らかなように、騒然とした投石現場よりも、人びとは尻込みせずにそちらの方に関心を示すだろう。これが、(一)非暴力的な大衆動員が(可能であれば)最初に行われるべきで、戦闘的（ミリタンシー）な行動は最終手段であるべきであり、(二)いかなる運動も非暴力的な大衆動員を自発的に中断してはならず、それに随伴すべきである理由の一つである。

とはいえ、市民的不服従を売り物にした大衆的なアピールは時に度を超えてしまう。XRはわざわざ警察に愛のシャワーを浴びせている。「警察の皆さん、私たちはあなたを愛しています——これは皆さんの子どものためでもあるのです」。ロンドンでのよくあるシュプレヒコールはこういうものだった[★7]。二〇一九年九月にマルメでの行動の後、この街のXR支部は、活動家と警官のツーショット写真をSNSに投稿した。二人は満面の笑みを浮かべて実に親しげだ。投稿にはこう添えられていた。「結局のところ、私たちはみな同じ船に乗り合わせている」。ハンドブックには、XRメンバーは「積極的に逮捕されようとする」よう心がけるべきであり、この熱意こそが「エクスティンクション・レベリオンの核心」にあると書かれている[188]。たしかに、こうしたやり方はある層の興味を引くものだ。二〇一九年のロンドンでの「春の蜂起」の後、有色人種（＝非白人）の気候活動家のネットワークである「地に呪われたる者たち」が、エンデ・ゲレンデやハンバッハの森を占拠するグループをはじめ多くのグループとともに出したXR宛ての公開書簡で指摘したように、警察の懐に飛び込むことは特権を持つことの証なのだ。[189]人種的に区別されたコミュニティの人びとはそうするのをおそらくためらうだろう。中間階級の白人なら警官に折り目正しい対応を期待できるが、労働者階級のムスリムや黒人、非正規移民がそう扱われる保証はない。このことが、XRが設立された最初の年に、ロンドンやマルメのような都市で人口比からすると異常なまでに白人参加者が多かった理由の一つかもしれない。白人以外なら、抑圧的な国家装置に対してもっと対立的な、あるいは回避的なアプローチが求められていると思うことだろう。結局のところ、「地に呪われたる者たち」が主張したように、私たちは一つの船に収まるには人数も多すぎるし、多様性に富みすぎている。目下の「私たちが生きるための闘い」に勝つために必要な参加レベルを確保できる唯一の「船」とは「多様でかつ多数の戦術」である。もちろんそのような多様性と多元性は内部対立を招くだろう。歴史の流れを変えてきたこれまでの運動がもれなく経験してきたことだ。全面的な戦術的従順など果たしてありうるのだろうか？

独裁政権に抗する運動についての解釈を踏まえ、今述べたものとかかわる反論として民主主義が引き合いに出されることがある。[190]暴力は平和的かつ建設的な熟議という目的にとって有害なのだ。もし敵が殴られたり、もっとひどい目に遭ったりすれば、その者は国家の正当な継承者の輪から追放され、本来つくべき議論のテーブルに戻ってくることはないだろう（チェノウェスとステファンは、外国人投資家は怯えるだろうと付け加えている）。しかし、気候運動が現在行っているような闘い——成熟した民主主義国家で隆盛する生産力を相手にする闘い——では、この議論では据わりの悪いところがある。財物に向けられるタイプの暴力のことだけを考えたとき、この議論は残りの部分を失ってしまうと、ある哲学者は指摘する。「独裁者の贅を尽くしたジェット機を奪取し破壊することは、きわめて目を引く象徴的な抗議のかたちである」のだが、「独裁者自身を襲撃しているわけではないので」、反民主主義的な排斥は起こらないのである。[191]

マッキベンの応答の第二の部分は、大衆の支持を失うという反論からなる。暴力が入り込めば、大衆の支持はたちまち蒸発してしまうというのだ。[192] ホワイトハウスの周りで手を取り合ったり、カヌー隊でガスターミナルを封鎖したり、自然史博物館でダイインを実行したりすることで、運動は共感を得ることができるが、物に火を放ったり、警官と衝突したりすれば大衆からの拒絶に遭うほかない。ここには確かに一片の真実がある。特にアメリカではそうだ。しかしフランスでは話が違う。フランスで社会運動が起きた場合、大規模デモに多少の財物破壊や暴動が趣を添えても、運動が自動的に白眼視されるわけではない。人間なら嫌悪感を抱くというきまりは、グローバルノースにすら存在しないのだ。それよりもむしろ、ここで私たちは紛れもないパラドックスに直面している。アメリカはフランスよりもはるかに暴力的な社会である——市中に広まる銃の数、銃乱射事件の発生数、警察に殺された民間人の数、武装した英雄を尊ぶ大衆文化、国家の好戦性など、どんな指標を取ってもそうだ。しかし社会運動による暴力への不寛容さではアメリカの右に出るものはない。だが、アメリカがジェノサイド的な暴力によって、野放図な資本主義のためにすべてをリセットしたことを考えてみれば、このパラドックスは解消される。一方、フランスには、民衆による大規模な抗議が絶えずアップデートされつついまだ受け継がれており、そこそこ戦闘的な労働者階級がなおも存在する。下層民(サバルタン)の暴力への寛容さは、資本主義による支配の絶対性と、それがもたらす暴力に満たされた社会構成体とは逆の関係にある――別言すれば、米国のこのようなアレルギーは一つの病理なのである。[193]

　しかし、米国人だけが病んだ社会に生きているのではないのだから、活動家としては、話を聞いてもらいたい人たちをいきなり遠ざけることなしに、そうした社会のなかでの作法を身につけておく必要があることは明らかだ。しかし、最もソフトなサボタージュすら人びとが嫌がる現状を当たり前のものとして受け入れるべきでもない。許容度は時間に左右されるものだが、そのことはとくに気候闘争には間違いなく当てはまることだ。まだ今のように暑さが厳しくなかった二〇〇七年、「アスファルトジャングルのインディアン」がスウェーデンでSUVのタイヤの空気を抜いても気候運動への支持は失われなかった――憤慨したのはあくまで「カウボーイ」だった。ならば、二〇二五年なり二〇四〇年において、これほどまでに非政治化された社会構成体ですら、受け入れられることのないサボタージュなどありえないことだろう。気温上昇が六℃に達すれば、パイプラインを爆破したいという欲求は、残されたわずかな人類にとっておよそ普遍的なものになるかもしれない。急速に温暖化する世界での受容度の傾向的上昇の法則を定立すべきである。それがないのなら、種全体に広がる死への望みを想定することになるだろう。化石燃料がこのまま燃やされ、気温が上昇し続けるならば、それに比して激しさと明白さを増す惨状を生み出す要因への物理的な攻撃は、ますます広い層の共感を生むに違いない。この傾向を阻止できるものが唯一あるとすれば、旧態依然としたやり方(ビジネス・アズ・ユージュアル)を実際に止めること、温暖化曲線の上昇を押しとどめフラットな状態へと導く、グリーン・ニューディールなりなんらかの政策パッケージだろう――そうなれば、財物破壊はたいていの人にとって無意味に映ることになるだろう。これはもちろんあらゆる取り組みが力を出し合って実現すべき最善の筋書きだ。もしこれが実現できなければ、財物破壊への受容性はどんなに低いところからでも上昇する。なぜなら気候崩壊はくすぶっているわけではないからだ。気候崩壊に均衡状態はない。それは対処不能な生物地球化学的・物理的プロセスを通じて悪化することになるのだし、残された時間の少なさを考えれば、暴力に対する大衆の支持についての典型的な予測は修正の必要が出てくるだろう。

言うまでもなく問題は、気温が六℃上昇した世界でパイプラインを爆破したところで、手遅れ気味の行動になるということだ。ほとんど全員が賛成するまでゴーサインを待つべきなのか？　過半数が賛成すれば実行してもよいのか？　少数派でもある程度の割合になればよいのか？　気候活動家がなすべきは、既存の意識水準を与件とすることであってはならない。その拡大こそが求められている。[194]活動家は前を向いて歩かなければならない――ただし大衆から離れすぎてはいけない。それでは孤立してしまう。また中央や後方にいてもいけない。それでは自分たちの使命が不要になってしまう。一部から誹られることを覚悟しつつ（そうした反応がないことは、やっていることが無意味なことの証左だ）、あまりにも多くを遠ざけてしまうような戦術は避けなければならない――前衛での活動にはつきものの綱渡りだ。計画と目標、実行が説明可能であり、既存の意識と密接にかかわりつつ、支持が一定のところまで獲得できるなら、行動はなされるべきだ。石炭会社の重役を暗殺したり、エクソンモービルが本社を構える高層ビルに飛行機で突っ込んだりすることが愚かな考えである理由の一つはここにある。知的なサボタージュはまた別の話だ。どこかにいる十分な数の人びとに説明ができて、納得してもらえるものでなければならない。いますぐではないにしても、気候崩壊がもう少しだけ進んだら確実である。

時間とタイミングが肝心だ。今では異常気象のたびに、累積する温室効果ガスの力が吹き荒れ、来るべき悲惨さの前触れが示されている。これこそが介入と展開を行うべき契機なのだ。次にヨーロッパの森で大規模な山火事が起きたら、採掘機を占拠せよ。次にカリブ海の島が原形を留めないほどにサイクロンの被害を受けたら、奢侈的排出を行う晩餐会やシェルの取締役会に突撃せよ。気候はすでに政治的なのだが、それが政治的なのは片一方の側、敵が作り出した蒸気を吹き飛ばす側に限られる。その敵はといえば、自分たちが生み出した熱を感じさせられてもいなければ、その責任を取らされてもいない。気候活動家たちが、これまでに類のない気候破局（カタストロフィ）に行動のタイミングを合わせることができていないこともまた、ランチェスター・パラドックスに属する。潜在的な力は蓄えられているかもしれないのである。

同じ時間性が節度の指標を迅速に動かすかもしれない。公民権時代がそうだった。マーティン・ルーサー・キングは一九五〇年代後半に急進的（ラディカル）だと見なされた。二〇一九年にはXRがそうだった。[195] あるひとつのラディカル派が登場することで、立ち位置が移動するのだ。こうしたときにこそ事態が進展することがある。XRの代表者が英国政府と話し合いを行い、排出ゼロを二〇二五年までに達成するよう説くとき——おそらく関係閣僚は二〇二八年がよいと主張するだろう

――、その要求はなんらかのかたちで最終的に緩められていくだろう。交渉を実現するには、かつてキングがそうだったように、XRなりそうした団体は、自分たちが頼んでもいない支援を多少なりとも必要とするだろう。新たなラディカル派を非難し、自分たちの努力を妨害していると主張するのは、かつてのラディカル派にとっての義務だ。もしも暴力を振るうとすごんだり実際に行ったりするトラブルメーカーに喝采を送ろうものなら、かれらは尊敬の念を得ることができず、政策決定の場に招待されることもないだろう。正のラディカル派効果は、ヘインズの言うところの「穏健派とラディカル派とがかなり違った役割を担う分業[196]」を前提とする。ラディカル派は危機をぎりぎりのところまで煽り、穏健派は出口を提示するというわけだ。こうなることで、戦闘的となる人びとは主流派から当然非難されることになるし、それを望みすらするだろう。それなしでは両者の区別はつかなくなり、効果が発揮されなくなってしまうからだ。言い換えれば、戦闘的（ミリタント）な部分は、XRやビル・マッキベン、あるいは絶対非暴力を墨守する運動のあらゆる部分に対して、火炎瓶やコーヒーキャニスターを手に取れと説得するべきではない。それは穏健派の仕事ではない。来るべきラディカル派がすべきことなのだ。

　しかし、ヘインズらが実証し、マッキベンが認めたように、負のラディカル派効果がもたらされるリスクは明らかに存在する。極端な立場が現れると、運動がきわめて不愉快なものに見え、あらゆる影響力が否定されることにもなりかねない。自分の足を撃ってしまう運動の例は枚挙に遑がない。気候危機は問題が深刻なだけに、負の効果はきわめて破滅的なものになりかねない。したがって、気候運動におけるラディカル派が戦闘的な部分を形成するときには、一連の原則にとくに気を配り、念頭に置いておくことが求められるだろう。たとえばウィリアム・スミスはこう定める。直接行動の実践者は「意見の共同体」に責任を負い、行動の大義を後退ではなく、前進させる義務に拘束されている。[197] 運動への強烈な報復や中傷、当惑を呼ぶことが明らかになった場合にはやり方を変えたり、取りやめたりするという条件でなら、財物破壊に取り組むことが許されるということだ。しかしこれは戦闘的な人びとに真のジレンマをもたらしている。主流派を信頼させて、自分たちを非難させ、排除させる——分業の代価だ——必要がある一方で、自分たちの行動が運動全体に与えかえない有害な効果を知ろうと思っても、そこまで当てになる情報源がないかもしれないのだ。いつ非難を無視して前に進み、満足するのか？ いつ非難に耳を傾けて軌道修正するのか？ 板挟みとまではいかなくても、バランス感覚が試されていることは間違いない。しかしその反面、戦闘的行動（ミリタンシー）は気軽な、あるいは気楽なものであるべきだと言われたことはないのである。

同じことは、弾圧する側から必ず出てくる反論にもあてはまる。なぜ国家を挑発して、運動にきわめて過酷な措置を浴びせかけるようにさせるのか？ 二〇一九年十月、ジェシカ・レズニチェクとルビー・モントーヤは、懲役百十年になる容疑で起訴された。[198] その前年、テキサス州ヒューストンで開催された石油・ガス企業向けカンファレンスのパネルディスカッションでは、サボタージュの危険性が迫っており、国家がこれを押さえ込むべきだという議論があった。[199] ケルシー・ウォーレン——エナジー・トランスファー社の最高経営責任者（CEO）、化石燃料で巨万の富を築き、ペリーとトランプを支持する人物——は、この女性二人を名指しで攻撃した。「遺伝子プールから排除すべき人物についてお話しになっているようですね」。レズニチェクとモントーヤにとって、懲役百十年の見通しは――またもや信仰とかかわりがあるが――犠牲の範疇に入るように思われた。ただしみずから招かざる苦難を受動的に受け入れる類いの犠牲ではない。二人は抵抗を実践することできわめて過酷な刑罰を受ける危険を冒し、その代償を払う準備を整えていたのだ。その選択は非難されるべきなのか？　チェノウェスとステファンは、暴力的な抵抗には「高いレベルの献身とリスク許容度」[200]が求められるとし、それは万人向けではないという。しかし、別の角度から見れば、結果的にもたらされる犠牲は、あることを他者に伝えるシグナルだ。たとえ残りの人生を刑務所で過ごすことになったとしても、それこそが戦い取るべき価値のあるものであり、気候危機はこのような気概ある行動への取り組みをもう少し増やすことを要求しているというメッセージである。これまでのところ、逮捕されて勾留場所で数泊する以上のリスクはほとんど意識されていない。闘争する人びとがこれまでの歴史で経験してきたことに比べれば、グローバルノースの気候運動の気楽さはかなり高いと考えなければならないが、だからといって問題の重要度が低いというわけではもちろんない。

おそらく、レズニチェクとモントーヤ以外にも多くの人びとが、最終的には戦闘的行動の動機を見つけるだろう。それは法律に従う意志を必要とはしない――それどころか、市民的不服従原則のあの有名なくだりは日を追うごとにいっそう陳腐化している。生の基盤を破壊する支配秩序は臣民の忠誠心に値しないからだ。サボタージュは暗闇で行うことができる。実際、もし成果を出したいならば、ロジャー・ハラムに倣わなくてもよい。かれはヒースロー空港の拡張に抗議するためにそこにドローンを飛ばすと事前に発表したために、予想に違わず身柄を予防的に拘束された。[201] 勢いを増せばますほど、運動はこうした弾圧の力と組んずほぐれつの闘いをすることを迫られる。最も非暴力的な戦術に留まったとしてもそうだ。たとえば二〇一八年八月には、ルイジアナ州のパイプライン付近でボートをこいで抗議活動をしていた活動家が、民間警備員に手錠をかけられて裁判所に送られ、懲役五年を宣告されそうになった。[202] あらゆるパイプライン反対運動に重罰を課すという法律が、トランプ政権下の米国では十を超える州で成立している。二〇一九年の「秋の蜂起」では、ロンドン警察はＸＲの旗の下に行われるすべての抗議行動を禁止した。気候変動にかんする非暴力の抗議行動の犯罪化は、ランストロップによれば「俎上に載せられている」。もし戦闘的な部分が擁護できないレベルに有害なところにまで運動を加速させてしまうものなら、負のラディカル派効果が生じるだろう。それにも関わらず動きが広がるならば、運動はこれまで実に多くの人びとが遭遇してきた選択に直面することになるだろう。引き下がるか、闘争を継続し、戦線を複数化し、公然と非公然を組み合わせて屈しないか。警察に花を送って愛情攻勢を掛けたところで、それが運動を前進させる最善策とは限らないのである。

＊

何万人もの活動家が違法行為をしていれば、多少の過ちが生じることは予想できる。二週間に及ぶ「秋の蜂起」で、ＸＲはロンドンの街頭に約三万人を動員し、最大級の迷惑と騒動を引き起こした。おそらく過ちは不可避だったのかもしれない。その目標と実行方法はそうではなかった。二〇一九年十月十七日、朝のラッシュ時に、XRの活動家チームがロンドンの地下鉄とライトレールシステムに侵入し、列車の往来を止めた。うち二人は、市東部にある地下鉄カニングタウン駅にハシゴを持ち込んで電車に立てかけ、屋根に上り、横断幕を広げた――「ビジネス・アズ・ユージュアル＝死（Business As Usual = DEATH）〔ACT-UP の有名なポスター SILENCE = DEATH（沈黙＝死）を想起させるスローガン〕」。ホームにいた通勤客はまず困惑し、そして激怒した。ロンドンで暮らす非白人労働者階級が客の大半を占める様子だった。後に出回った多くの動画では、ある人がこう叫んでいた。「仕事に行かなきゃいけないんだ。子どもを養わなきゃならないんだよ」。人びとは列車に押し寄せ、男たちに降りろと声を荒げた。ある通勤客――たまたまブルージーンズに無地の縁なし帽という装いの黒人男性――が屋根に登ろうとしたところ、ある活動家――たまたまスーツにネクタイ姿の白人男性――がその男性の頭を強く蹴りつけた。上にいた白人男性が下にいた黒人男性を蹴ったのだ。そして活動家の方はプラットフォームに引きずり降ろされ殴られた。街は騒然となり、この事件によって「蜂起」は不名誉な終わりを告げた。

しかし、これをグローバルノースの気候運動における最悪の愚行としたのは、世界に広がる〈反逆〉のハブであるXRロンドンの反応だった。XRロンドンは地下鉄の男性たちとの関係を断つと主張することもできたがそうはせず、公式声明では、頭を蹴ったことを「正当防衛」だったと免罪し、かれらの地位の高さを引き合いに出して弁明した。「かれらには孫がいる者もいて、引退した仏教家、教会区司祭、元開業医などであった」と記して、今回の行動は「非暴力と共感を軸とするエクスティンクション・レベリオンの原則と価値観の枠内で」計画されたものだと擁護したのだ。[203] 共同設立者の一人はBBCに出演し、この行動を「平和的」で「非暴力的」だと讃えていた。XRロンドンの他の人びと——ある調査によれば、大多数——はこの発言に猛烈に反発した。しかし、この運動体がそれまで発揮できていた自己規制と戦術的原則の内在化の強さを考えると、どうしてこのような事態が避けられなかったのかと首を傾げるをえない。三つの要因がただちに指摘できる。

第一に、XRの戦略は都市構造全体を——ただし、非暴力的に——大混乱に陥れるためのもので、そうすれば政治家は危機に適切に対応せざるを得ないという発想に基づいている。こうすれば変化が生じるというのが、ハラムや、チェノウェスとステファンの本の他の読者たちの見立てだ。このとき化石経済は独裁政治のようなものだと捉えられているが、これは範疇誤認であって、そのことが混乱を起こすならほとんど何を標的にしても構わないと認可してしまっている。こうして生じたのが地下鉄を止めるという馬鹿げた誤謬だ。あたかも公民権運動がアラバマの黒人バプテスト教会の入り口を封鎖するとか、エジプトの革命家たちがタハリール広場から離れたところに繰り出して反対派の新聞を攻撃するとかするようなものだ。このオウンゴールはマクロンのように生計用排出を標的にしたものではなく、むしろ生計用非排出をターゲットにした。気候問題の初歩的知識を持ちあわせている人なら誰もが知っているように——そしてカニングタウンの通勤者が叫んだように——、公共交通機関は解決策の一部だ。気候活動家たちがそのことをわかっていながら地下鉄を止めたのはなんとも信じがたい話である。

第二に、XRは階級や人種という要素からあくまで距離を取り続け、自分たち自身のそれ以外に立脚点を持たない白人中産階級を土台にしてきた。そのレトリックと美的感覚はそうした階層に特有のある種の信心深さと気取った態度にあふれている──あるいは、ガーディアン紙のコラムニストが皮肉交じりに記したように「あれほど多くのXRによる占拠がナショナルシアターに向かおうとする観客たちのように見えてしまうのはどうしてなのか？ そして、XRの広報担当はこんなツイートをして説得力があるとどうして考えられるのか？「私たちはエンジニアだ。私たちは弁護士だ。私たちは医者だ。私たちはみんなだ」と」[204]。気候運動のある部分とは異なり、XRの言説には反資本主義や階級対立は存在しない──かれらは〈いのちのための反逆者〉〔XRのスローガン〕として、嘘つき政治家の一団を打ち負かすために現れたのだ。優れた国家指導者が現実を見据えて科学に忠実であれば、いのちは守れるだろう。そうした人物を指導者とするために、XRはチェノウェスとステファンが出した結論に信を置く。人口の一定割合──三・五％という数字がターニングポイントとなる──が路上に集まる必要があるというものだ[★8]。そのためには、支持者の離反を招きかねない責任追及や金持ち叩きのレトリックを黙らせたり、止めさせたりしなければならない。〈反乱(レベリオン)〉はこうしてみずからを「政治を超えた」、左でも右でもない存在として位置づけ、一般市民と等しく警察を称賛し、保守的な有権者の懸念にも迎合してきた[205]。XRのアジプロ動画は語る。「もしあなたが人びとの財産権を認めるならば、また国家は人びとのために秩序と安全を維持すべきだと思うならば、今こそ壊滅的な気候変動がもたらす影響にも反対しなければなりません」。権利とは勝ち取られるべきものであり、対決すべきものではないのである。

もちろん、ここにある問題とは、「財産権」——正確には、とても特別だがとてもなじみ深い種類の財物＝私有財産（プロパティ）——こそが破壊されるべき対象だということだ。そこに立ちはだかるのが秩序維持国家である。投資、生産、消費、どの観点から見ても、富裕層こそが緊急事態を深刻化しているのだから、食うや食わずの人びとの腹を空かせたままにしておきながら、富裕層を不快にさせない気候運動に急所が突けるわけがない。階級を区別し、利害対立を作り出すことを拒む運動は結局のところ誤った道を歩むことになるだろう。それこそが、相も変わらぬ日常（ビジネス・アズ・ユージュアル）の継続から得られる利益が最も少ない人びとを狙って疎外する秘訣だ。社会的な怒りを伴わない気候運動が、必要な打撃力を獲得することはないだろう。しかし気候運動がこの問題を解決するのは難しくもなんともない——そして実際、黄色いベストたちからはこういうスローガンが上がっていた。「氷床を増やせ、銀行家どもを減らせ」。あるいは「月の終わり〔月末の持ち金や口座残高を気にしないといけないほど生活が苦しい、ということ〕、世界の終わり——加害者は同じ、戦いはひとつ」★9。富裕層は私たちの生活を悲惨にしているだけでなく、多数の人びとのいのちを絶つために活動している。ここにXRが運動のラディカル派に余白として残したもう一つの領域がある——敵の名前をあえて口にする人びとである。

第三に、XRが最終的に行った暴力は、警察や財物ではなく、仕事に向かう途中の黒人男性を対象としたものだった。これが本当にたまたま起きたことだったとは考えられない。また、もしもXRの活動家が警官の頭を蹴っていたとしたら、否定の声がはっきりあがっていたであろうことを疑う理由はない。平和主義はおそらく現実には決して存在しない。存在するのは、暴力の諸形態を区別する——またはしない——能力だ。平和主義の特徴とは、たまには効果を発揮する類の戦術の物神化から生じた、自分は正しいという感覚を、その信奉者に対して吹き込むことだ。もしもこの教義が支配的であり続けるならば、気候運動はせいぜい、二〇二〇年代の社会的反乱にとってお行儀のよい遠縁の親類止まりであることは間違いないだろう。ここに二〇一九年後半以降の動きとのコントラストがある。チリの学生たちは公共交通機関の運賃の値上げに反対した——すべての人が無料で利用できる交通機関を支持した。かれらは改札口を突破して一斉無賃乗車を決行し、券売機やスーパーマーケット、企業の本社を攻撃し、新自由主義の母国(一九七三年に軍事クーデターで打倒したピノチェトは、シカゴ学派の新古典派経済学者をブレーンに招き入れて経済自由化や主要国営産業の私有化などを強行し、チリを現代に続く新自由主義的政策の「実験場」にした)でうねりをあげる不平等に反対する全国的な蜂起に火をつけた。一方、気候破局(カタストロフィ)に反対する運動は平穏で穏やかだった。喫緊の戦略的課題は、後者の運動と前者の力を結びつけることである。

しかし、XRがそうしなかったからといって、かれらが達成したきわめて多くの成果が貶められることはない。特に英国では、二〇一九年の二度にわたる市民的不服従キャンペーンは、国内政治の重心を大きく動かした。このキャンペーンは、新たに刊行される千本の査読論文よりも強く、気候緊急事態を人びとの心に訴えかけた。この年の終わりには、気候危機への人びとの懸念は未曾有のレベルにまで達し、英国下院と欧州議会は共にXRの要求の一つに応じた——気候非常事態を公式に宣言したのである。ただし、驚くべきことではないが、こうした現状に対応する実際的な手段はとられなかった。しかし、XRのおそらく最も素晴らしかった点は、それが展開するスピードの速さだった。今は素早さこそが行動に最も必要とされている。ただちに次のステップも学び取られるかもしれないのだ。

*

しかし、あるタイプの戦術を物神化する誘惑に抵抗すべきだとするなら、このことはもちろん、財物破壊やその他の形態の暴力にも当てはまる。この運動にとって最大のポテンシャルを秘めた戦術は何か違うものかもしれない。気候キャンプが考えられる。私がこの本を書いている間、スウェーデン政府はスウェデガス社からのガス圧送――ヨーテボリ港で私たちがブロックしたプロセス――についての申請を審議している。決定は今朝出た。衆人の予想に反して、政府はスウェデガスの申請を却下し、最近の抗議活動にも直接言及した。私たちは勝利した。この運動にとって本当に価値あるささやかな勝利の一つだ。もっともキーストーンXLパイプラインに対する勝利のように、ぬか喜びの可能性はまだある。この国でも近い将来、極右政権が誕生する可能性が高い。しかし、平然となされる企業活動(ビジネス・アズ・ユージュアル)のさなかにもたらされるつかの間の小さな停止はどれも、ある世界――もう一つの世界ではなく、今この世界――がまだ可能であり、救いようがあるかもしれないことを思い出させてくれるのである。

気候キャンプには、お互いの実践を基盤に構築し、水平に広がり、化石資本に対する現地闘争の経験を積み上げていく方法がある。二〇一一年に発生した〈オキュパイ〉や類似のキャンプとは異なり――もちろん関係はあるが――、気候キャンプはかなり前から計画するもので、設置から撤収までのスケジュールも決まっている。自然発生的でもなければ、相手に反応するのでもなく、筋書きに沿って大きな動きを作り出すのだ。エンデ・ゲレンデはドイツの化石資本に対抗するために五年にわたって活動を続けているが、その一方で、それぞれの本国に戻ってから自前のキャンプを企画する幹部たちの養成も行っている。活動家への投資が生み出すリターンの減少はまだ見られない。エンデ・ゲレンデは大勢の参加者を集め、警察を人数でも機動性でも圧倒し続けている。しかし、そのような成功はどこか別のところでたやすく再現できるわけではない。今や五千から一万をくだらない人びとが〔褐炭炭鉱地帯のある〕ラインラントに直ちに結集するが、ヨーロッパのそれ以外の地域の活動家たちは、事前発表型のキャンプでは、企業側に準備する時間を与え、封鎖に備えて十分な寮の燃料や機材を移動させかねないことに気づいている。困り果てるような事態は起きないため、警察は横に立ってやり過ごすことで行動の勢いをそぐことができる。運動内では、実際に混乱を引き起こすために、キャンプと小規模で秘密の奇襲攻撃とを組み合わせてはどうかと無駄口をたたく人もいる。結果的にどうなるにせよ、気候キャンプはこの闘いを学ぶための他に類を見ない実験室である。

キャンプを訪れたことのある人なら誰でもそのプロセスを味わったことがあるだろう。朝の合図が鳴った後に出されるねばり気のある粥、玉ねぎの回転皮むき機、〔活動家が占拠する〕軌道上にどこからともなく届けられる食糧。気候キャンプでは古風なものと現代的なものがユニークに融合されている。ソーシャルメディアで拡散する三分間のクリップを撮影するためにドローンが飛ばされるが、その金属音が響くのは、手でくりぬかれた板が渡された屋外トイレの上空だ。活動家たちはノートパソコンを充電するために据え付けた自転車のペダルを漕ぐ。歌を歌いながら、スローガンを口にしながら、かれらは網に干し草を詰めてクッションを作る。警察の阻止線を押し返し、ペッパースプレーから身を守るためだ。最近政治に目覚めた若者、経験豊かなヒッピー、短髪のレズビアン、タトゥーの入った筋骨隆々の男性、学生、不安定労働者、アンティファ、子どもを連れた母親などが混ざっているが、誰もが音楽フェスのようにいつもよりちょっとだけみすぼらしい身なりをしている。

アフィニティグループは延々と続く話し合いで結束を深める。代表者が本会議に送られ、戻ってきては情報共有や意見聴取を行う。たいていこのプロセスではいらいらするほど時間がかかる。スピーカーから声がして、次のトレーニングセッションが呼びかけられる。屋外では指（フィンガー）に塗料で色——金、赤、銀、ピンク——をつけた参加者が、その色の旗のところに集まって梯団（フィンガー）を作り、障害物の突破や通過の訓練をする。この非暴力の行動スタイルには軍事的な性格がある。士官隊は正面のバナーのすぐ後ろに配置され、ヘッドセットで司令部と交信し、歩兵隊が後ろからぴったりくっついてくるのだ。様々な展開を想定した緊急時の計画が用意され、偵察隊は警察の動きと目標の状況を報告する。スプレー缶を叩く音が響く中、デモ参加者の腕には弁護士の名前と弁護団の電話番号が走り書きされ（ここでは誰も逮捕を望んでいない）、白いつなぎには二つのハンマーと交差させた〈エンゲ・ゲレンデの〉ロゴが描かれている。「大好きなもののために本気で闘え」と書かれたバナーをなんとか固定しようとしている人がいる。そこには煙を吐き出す煙突を蹴るポニーテールの少女のシルエットが描かれている。

そして朝が来る。数百人あるいは数千人での出発だ。荷物をまとめ、トーチを燃やし、シュプレヒコールは確かなビートを刻む。「誰が止める？　我々が止める！」　そして数時間後には必ず、炭鉱や軌道、ターミナルにたどり着く。時々、発電所の敷地を囲むように陣取っていると、煙突の煙が細くたなびくのが見えることがある。それはやがて薄くなる。そして完全に消えてしまうのだ。

褐炭鉱拡張により解体予定の村での連帯デモ。（2018 年 10 月）
(cc) Channoh Peepovicz

89 例えば次を参照。M. R. Raupach, M. Gloor, J. L. Sarmiento et al., 'The Declining Uptake Rate of Atmospheric CO2 by Land and Ocean Sinks', *Biogeosciences* 11 (2014): 3453-75.

90 例えば次を参照。Elizabeth M. Herndon, 'Permafrost Slowly Exhales Methane', *Nature Climate Change* 8 (2018): 273-74; Christian Knoblauch, Christian Beer, Susanne Liebner et al., 'Methane Production as Key to the Greenhouse Gas Budget of Thawing Permafrost', *Nature Climate Change* 8 (2018): 309-12; César Plaza, Elaine Pegoraro, Rosvel Bracho et al., 'Direct Observation of Permafrost Degradation and Rapid Soil Carbon Loss in Tundra', *Nature Geoscience* 12 (2019): 627-31.

91 例えば次を参照。W. Matt Jolly, Mark A. Cochrane, Patrick H. Freeborn et al., 'Climate-Induced Variations in Global Wildfire Danger from 1979 to 2013', *Nature Communications* 6 (2015): 1-11; Xhante J. Walker, Jennifer L. Baltzer, Steven G. Cumming et al., 'Increasing Wildfires Threaten Historic Carbon Sink of Boreal Forest Soils', *Nature* 572 (2019): 520-23; Zhihua Liu, Ashley P. Ballantyne and L. Annie Cooper, 'Biophysical Feedback of Global Forest Fires on Surface Temperatures', *Nature Communications* 10 (2019): 1-9.

92 例えば次を参照。Jason A. Lowe and Daniel Bernie, 'The Impact of Earth System Feedbacks on Carbon Budgets and Climate Response', *Philosophical Transactions of the Royal Society* A 376 (2018): 1-13; Eleanor J. Burke, Sarah E. Chadburn, Chris Huntingford and Chris D. Jones, 'CO2 Loss by Permafrost Thawing Implies Additional Reductions to Limit Warming to 1.5 or 2°C', *Environmental Research Letters* 13 (2018): 1-9; Edward Comyn-Platt, Garry Hayman, Chris Huntingford et al., 'Carbon Budgets for 1.5 and 2. C Targets Lowered by Natural Wetland and Permafrost Feedbacks', *Nature Geoscience* 11 (2018): 568-73. さらに詳しくは例えば次を参照。Will Steffen, Johan Rockström, Katherine Richardson et al., 'Trajectories of the Earth System in the Anthropocene', *PNAS* 115 (2018): 8252- 59; Paul Voosen, 'New Climate Models Forecast a Warming Surge', *Science* 364 (2019): 222-23.

93 J. R. Lamontagne, P. M. Reed, G. Marangoni et al., 'Robust Abatement Pathways to Tolerable Climate Futures Require Immediate Global Action', *Nature Climate Change* 9 (2019), p. 290.

94 Tong et al., 'Committed Emissions', p. 376（強調は引用者）。「化石燃料資産への投資」の一時凍結の呼びかけについては例えば次を参照。Filip Johnsson, Jan Kjärstad and Johan Rootzén, 'The Threat to Climate Change Mitigation Posed by the Abundance of Fossil Fuels', *Climate Policy* 19 (2018), p. 269.

95 McKibben, *Falter*, p. 222. マッキベンはここでナオミ・クラインを引用している（ただし典拠はない）。

96 Pfeiffer et al., 'Committed Emissions'.

97 R. H. Lossin, 'Sabotage as Environmental Activism', *Public Seminar*, 3 July 2018, publicseminar.org. 次を参照。Jeff Diamanti and Mark Simpson, 'Five Theses on Sabotage in the Shadow of Fossil Capital', *Radical Philosophy* 2.2 (2018): 3-12.

98 Seto et al., 'Carbon Lock-In', p. 426.

99 Ulrike Meinhof, 'From Protest to Resistance', in *Everybody Talks About the Weather ... We Don't: The Writings of Ulrike Meinhof* (New York: Seven Stories Press, 2008), p. 239.

100 Gal Luft, 'Pipeline Sabotage Is Terrorist's Weapon of Choice', *Pipeline and Gas Journal* 232 (2005): 42-44.

101 この行動は次に詳しく記されている。Simpson, *Umkhonto*, pp. 267-69. サソール社のプラントを標的にした一九八一年と一九八五年の行動については次を参照。*Ibid*., pp. 284-85, 363-64.

102 次に引用されたジンワラの発言。Lee Jones, *Societies Under Siege: Exploring How International Economic Sanctions (Do Not) Work* (Oxford: Oxford University Press, 2015), p. 68.

103 Mandela, *Long Walk*, p. 603〔マンデラ、前掲書、下巻、二八〇頁〕。

104 Seidman, 'Guerrillas', p. 118（強調は原文）。

105 このパイプラインと一九三六年–一九三九年の反乱については。例えば次を参照。Rachel Havrelock, 'The Borders Beneath: On Pipelines and Resource Sovereignty', *South Atlantic Quarterly* 116 (2017): 408-16; Matthew Hughes, 'Terror in the Galilee: British-Jewish Collaboration and the Special Night Squads in

Palestine during the Arab Revolt, 1938–9', *Journal of Imperial and Commonwealth History* 43 (2015): 590-610; Steven Pressfield, *The Lion's Gate: On the Front Lines of the Six Day War* (New York: Penguin, 2015), p. 77.

106 Ghassan Kanafani, *The 1936–39 Revolt in Palestine* (New York: Committee for a Democratic Palestine, 1972), p. 58.

107 Zachary Davis Cuyler, 'Toward the Target and the Goal: Infrastructure Sabotage and Palestinian Liberation in the Pages of Al-Hadaf', *Historical Materialism* 28.4 (2020): 67-101.

108 Cyril Obi and Siri Aas Rustad (eds.), *Oil and Insurgency in the Niger Delta* (London: Zed, 2011); Freedom C. Onuoha, 'Oil Pipeline Sabotage in Nigeria: Dimensions, Actors and Implications for National Security', *African Security Studies* 17 (2008): 99-115; Michael Watts, 'Petro-Insurgency or Criminal Syndicate? Conflict and Violence in the Niger Delta', *Review of African Political Economy* 34 (2007): 637-60.

109 Watts, 'Petro-Insurgency', p. 645.

110 *Ibid.*

111 Bassiouni, *Chronicle*, pp. 301, 580.

112 Utpal Bhaskar, 'Naxals Put the Squeeze on Transport of Jharkhand Coal', *LiveMint*, livemint.com, 1 December 2019; Ruchira Singh, 'Maoist Threat Hampering India Coal Output – Minister', Reuters, reuters.com, 23 June 2010; Ruchira Singh and Krittivas Mukherjee, 'Govt Clamps Down on Maoists to Woo Investors', Reuters, 3 August 2010; Shivani Gite, 'Maoists Blow Up Diesel Tanker in Chhattisgarh, Three Dead', *Track*, 24 September 2019; FP Staff, 'Gadchiroli Naxal Attack Today, Updates: 15 Security Personnel, Driver Killed; Sharad Pawar Demands CM's Resignation', *Firstpost*, 1 May 2019; IANS, 'Jharkhand: Maoists Set 16 Vehicles Ablaze, Assault Six Labourers', *India Today*,12 July 2019.

113 Martin Chulov, 'Middle East Drones Signal End to Era of Fast Jet Air Supremacy', *Guardian*, 16 September 2019; P. W. Singer, 'The Future of War Is Already Here', *New York Times*, 18 September 2019.

114 Anthony Diapola and Verity Radcliffe, 'Saudi Attacks Reveal Oil Supply Fragility in Asymmetric War', *Bloomberg*, bloomberg.com, 15 September 2019.

115 次を参照。 Hanno Sandvik, 'Public Concern over Global Warming Correlates Negatively with National Wealth', *Climatic Change* 90 (2008): 333-41; So Young Kim and Yael Wolinsky-Nahmias, 'Cross-National Public Opinion on Climate Change: Effects of Affluence and Vulnerability', *Global Environmental Politics* 14 (2014): 79-106; Alex Y. Lo and Alex T. Chow, 'The Relationship Between Climate Change Concern and National Wealth', *Climatic Change* 131 (2015): 335-48.

116 次を参照。 Robert Springborg, 'Egypt: The Challenge of Squaring the Energy–Environment–Growth Triangle', in Robert E. Looney (ed.), *Routledge Handbook of Transitions in Energy and Climate Security* (Abingdon, UK: Routledge, 2017): 272-84.

117 Edenhofer et al., 'Reports of Coal's', pp. 4, 7.

118 Brynjar Lia and Åshild Kjøk, 'Energy Supply as Terrorist Targets? Patterns of "Petroleum Terrorism" 1968–99', in Daniel Heradstveit and Helge Hveem (eds.), *Oil in the Gulf: Obstacles to Democracy and Development* (Aldershot, UK: Ashgate, 2004), pp. 105-6, 109, 114, 120-21.

119 AFP, 'Increase in Arson at German Refugee Centres: Police', *Local*, thelocal.de, 14 May 2016.

120 このブログはいまも存続している。 asfaltsdjungelnsindianer.wordpress.com.

121 Isabella Iverius, '"Vi pyser däck för miljöns skull"', *Dagens Nyheter*, 9 September 2007.

122 Redaktionen, 'Asfaltsdjungelns indianer kanske lever farligt', *Motor Life Today*, motor-life.com, September 2007.

123 「停戦」は次で発表された。 Asfaltsdjungelns indianer, 'Nu tar vi indianer en paus', *Aftonbladet*, 10 December 2007.

124 例えば次を参照。 Emily Huddart Kennedy, Harvey Krahn and Naomi T. Krogman, 'Egregious Emitters: Disproportionality in Household Carbon Footprints', *Environment and Behavior* 46 (2014): 535-55; Dominik Wie

denhofer, Dabo Guan, Zhu Liu et al., 'Unequal Household Carbon Footprints in China', *Nature Climate Change* 7 (2017): 75-80; Kyle W. Knight, Juliet B. Schor and Andrew K. Jorgensen, 'Wealth Inequality and Carbon Emissions in High-Income Countries', *Social Currents* 4 (2017): 403-12; Klaus Hubacek, Giovanni Baiocchi, Kuishuang Feng et al., 'Global Carbon Inequality', Energy, *Ecology and Environment* 2 (2017): 361-69.

125 Dario Kenner, *Carbon Inequality: The Role of the Richest in Climate Change* (Abingdon, UK: Routledge, 2019), p. 12（強調は削除した）。

126 *Ibid.*, p. 17（強調は原文）。

127 Oxfam, *Extreme Carbon Inequality*, 2 December 2015.

128 Ilona M. Otto, Kyoung Mi Kim, Nika Dubrovsky and Wolfgang Lucht, 'Shift the Focus from the Super-Poor to the Super-Rich', *Nature Climate Change* 9 (2019): 82-87.

129 Michael J. Lynch, Michael A. Long, Paul B. Stretesky and Kimberly L. Barrett, 'Measuring the Ecological Impact of the Wealthy: Excessive Consumption, Ecological Disorganization, Green Crime, and Justice', *Social Currents* 6 (2019): 377-95.

130 Niko Kommenda, 'How Your Flight Emits as Much CO2 as Many People Do in a Year', *Guardian*, 19 July 2019.

131 Niko Kommenda, '1% of English Residents Take One-Fifth of Overseas Flights, Survey Shows', *Guardian*, 25 September 2019.

132 Dario Kenner, 'Inequality of Overconsumption: The Ecological Footprint of the Richest', Anglia Ruskin University and Global Sustainability Institute, working paper, November 2015, p. 6.

133 Lynch et al., 'Measuring', p. 389.

134 Anil Agarwal and Sunita Narain, *Global Warming in an Unequal World: A Case of Environmental Colonialism* (New Delhi: Centre for Science and Environment, 1991), p. 3（強調は削除した）。

135 Henry Shue, 'Subsistence Emissions and Luxury Emissions', *Law and Policy* 15 (1993): 39-59; reprinted in

136 Henry Shue, *Climate Justice: Vulnerability and Protection* (Oxford: Oxford University Press, 2014), ch. 2〔ヘンリー・シュー、宇佐美誠訳「生計用排出と奢侈的排出」、宇佐美誠編著『気候正義——地球温暖化に立ち向かう規範理論』、勁草書房、二〇一九年、第一章〕。次の優れた議論も参照。Wouter Peeters, Andries De Smet, Lisa Diependaele and Sigrid Sterckx, *Climate Change and Individual Responsibility: Agency, Moral Disengagement and the Motivational Gap* (Basingstoke, UK: Palgrave Macmillan, 2015), pp. 29-32.

137 フィル・ポファム〔サンシーカー社CEO〕の発言。次に引用された。Kenner, *Carbon*, p. 18.

138 Shue, 'Subsistence Emissions', p. 55〔シュー、前掲書、二七頁〕

139 Shue, *Climate*, p. 7.

140 *Ibid*., p. 46.

141 次を参照。Shue, 'Subsistence Emissions', pp. 42, 56-58〔シュー、前掲書、六－八および二九－三一頁〕; Shue, *Climate*, p. 46; Henry Shue, 'Subsistence Protection and Mitigation Ambition: Necessities, Economic and Climatic', *British Journal of Politics and International Relations* 21 (2019): 255-56.

142 次を参照。Shue, *Climate*, pp. 328-31; Shue, 'Subsistence Protection', pp. 255-57; Alex McLaughlin, 'Justifying Subsistence Emissions, Past and Present', *British Journal of Politics and International Relations* 21 (2019): 263-69.

143 Shue, *Climate*, p. 7.

144 *Ibid*., p. 329.

145 例えば次を参照。David Schlosberg, 'Further Uses for the Luxury/Subsistence Distinction: Impacts, Ceilings, and Adaptation', British Journal of Politics and International Relations 21 (2019): 298-99; John Nolt, 'Casualties as a Moral Measure of Climate Change', Climatic Change 130 (2015): 347-58; Peeters et al., Climate Change, p. 52.

146 Lynch et al., 'Measuring', p. 378。また次ではるかに突っ込んだ議論が行われている。Michael J. Lynch,

Michael A. Long, Kimberley L. Barrett and Paul B. Stretesky, 'Is It a Crime to Produce Ecological Disorganization? Why Green Criminology and Political Economy Matter in the Analysis of Global Ecological Harms', *British Journal of Criminology* 53 (2013): 997-1016.

147 次を参照。 Kenner, *Carbon*, pp. 18-19; Otto et al., 'Shift the Focus', p. 82.

148 次を参照。 Otto et al., 'Shift the Focus', pp. 82-83; Lynch et al., 'Is It a Crime', p. 1005.

149 次を参照。 Shue, 'Subsistence Protection', p. 257; McLaughlin, 'Justifying', p. 266.

150 次を参照。 Peeters et al., *Climate Change*, p. 120.

151 Otto et al., 'Shift the Focus', p. 83.

152 Lynch et al., 'Is It a Crime', p. 998; Lynch et al., 'Measuring', p. 390.

153 Didier Fassin and Anne-Claire Defossez, 'An Improbable Movement? Macron's France and the Rise of the Gilets Jaunes', *New Left Review* 2.115 (2019): 79.

154 Amir Parviz Pouyan, *On the Necessity of Armed Struggle and Refutation of the Theory of 'Survival'* (New York: Support Committee for the Iranian People's Struggles, 1977). 引用は pp. 42, 35-36。

★4 Laura Cozzi & Apostolos Petropoulos, 'Growing preference for SUVs challenges emissions reductions in pass enger car market', *International Energy Agency*,15 October 2019. 次を参照。 Niko Kommenda, 'SUVs second biggest cause of emissions rise', *Guardian*,25 October 2019; Transport and Environment, *Mission Possible: How Car Makers Can Reach Their CO2 Targets and Avoid Fines* (Brussels: Transport and Environment, 2019). 例えば pp. 3, 18-20; Laura Laker, '"A Deadly Problem": Should We Ban SUVs from Our Cities?', *Guar dian*,7 October 2019.

155 AP, '2016 U.S. Auto Sales Set a New Record High, Led by SUVs', *Los Angeles Times*, latimes.com, 4 January 2017. 二〇一七年の売上は若干減少した。

156 Transport and Environment, *Mission Possible*, 18-20.

157 Matthew Robinson, 'Frankfurt Motor Show Hit by Huge Climate Protests', *CNN*, 15 September 2019.

158 Philip Oltermann, 'Berliners Call for 4X4 Ban after Four People Killed in Collision', *Guardian*, 9 September 2019; Laker, "A Deadly Problem".

★5 Pauline Moullot, 'Le «Gang» des dégonfleurs de pneus est-il retour à Paris ?', *Libération*, 1 October 2019.

159 この出来事は、レズニチェクとモントーヤの二人がプレスリリースに記した証言によって明らかになった。'Ruby Montoya & Jessica Reznicek: DAPL Ecosabotage Press Release', *Stop Fossil Fuels*, stopfossilfuels.org, 24 July 2016. 次も参考となる。Anna Spoerre, 'Women Who "Sabotaged" Dakota Access Pipeline Charged Almost 3 Years after Damages First Reported', *Des Moines Register*, 1 October 2019.

160 例えば次を参照。Alleen Brown, 'Dakota Access Pipeline Activists Face 110 Years in Prison, Two Years after Confessing Sabotage', *Intercept*, 4 October 2019.

161 'Ruby Montoya & Jessica Reznicek: DAPL'.

162 次が参考になる。'Ruby Montoya & Jessica Reznicek: DAPL Ecosaboteurs', *Stop Fossil Fuels*, stopfossilfuels.org, n.d.

163 例えば次を参照。AFP, 'German Police Confront Treehouse Activists after Six-Year Standoff', *Guardian*, 13 September 2018; AP/DPA, 'Arson Attacks on German Companies Linked to Hambach Forest Protest?', *Deutsche Welle*,4 October 2018; AFP, 'Thousands of Anti-coal Protesters Celebrate German Forest's Reprieve', *Guardian*, 6 October 2018.

164 Jessica Reznicek on *Democracy Now!*, 28 July 2017, YouTube.

165 ヨハネによる福音書第二章十五節。

166 例えば次がある。Runkle, 'Is Violence', p. 370.

167 Robert Audi, 'On the Meaning and Justification of Violence', in Jerome A. Shaffer, *Violence: Award-Winning Essays in the Council for Philosophical Studies Competition* (New York: David McKay, 1971).引用はpp. 50, 59（強調は原文）。今日の優れた議論としては次を参照。Vittorio Bufacchi, 'Two Concepts of Violence', *Political Studies Review* 3 (2005): 193-204. 本書では、心理的、構造的、緩慢な、その他広く暴力と見なされている

形態についての問いは扱っていないことを注意されたい。

168 Ted Honderich, *Terrorism for Humanity: Inquiries in Political Philosophy* (London: Pluto, 2003), p. 15（p. 154にも記述がある）。

169 Chenoweth and Stephan, *Why Civil*, p. 13.

170 この点は例えば次で議論されている。Engler and Engler, *This Is*, p. 236.

171 ここから三段落は次の記述に依拠している。N. P. Adams, 'Uncivil Disobedience: Political Commitment and Violence', *Res Publica* 24 (2018): 487-89; John Morreall, 'The Justifiability of Violent Civil Disobedience', *Canadian Journal of Philosophy* 6 (1976): 38; Steve Vanderheiden, 'Eco-terrorism of Justified Resistance? Radical Environmentalism and the "War on Terror"', *Politics and Society* 33 (2005): 431; Runkle, 'Is Violence', p. 370.

172 Martin Luther King Jr., 'The Trumpet of Conscience', in King, *A Testament*, p. 649〔マーティン・ルーサー・キング「非暴力と社会改革」（一九六七年）、中島和子訳『良心のトランペット』、みすず書房、一九六八年、七二‐七三頁〕。

173 次に引用されたパンクハーストの発言。Atkinson, *Rise Up*, p. 288.

174 Morreall, 'The Justifiability', p. 43.

175 William Smith, 'Disruptive Democracy: The Ethics of Direct Action', *Raisons politiques* 69 (2018). 引用はpp. 13, 22, 24。

176 次などが参考になる。Morreall, 'The Justifiability'; Vanderheiden, 'Eco-terrorism'; Adams, 'Uncivil Disobedience'; Simo Kyllönen, 'Civil Disobedience: Climate Protests and a Rawlsian Argument for "Atmospheric" Fairness', *Environmental Values* 23 (2014): 593-613. 革命的暴力を、第一に外国による占領に抗する闘いで用いる権利を論じた、きわめて寛容な洗練された分析については次を参照。Christopher J. Finlay, *Terrorism and the Right to Resist: A Theory of Just Revolutionary War* (Cambridge: Cambridge University Press, 2015); Michael L. Gross, *The Ethics of Insurgency: A Critical Guide to Guerrilla Warfare* (Cambridge: Cambridge Universi

ty Press, 2015).

177 例えば次を参照。Finlay, *Terrorism*, pp. 5, 100, 247; Gross, Ethics, pp. 155-56; Christopher J. Finlay, ‘How to Do Things with the Word “Terrorist”’, *Review of International Studies* 35 (2009): 751-74.

178 この記述は次に依拠している。Vanderheiden, ‘Eco-terrorism.’ 例えば pp. 427, 432, 436, 440。

179 Sara Malm, ‘Experter varnar: Desperata klimataktivister kan ta till terrorism’, *Expressen*, 18 May 2019.

180 Peter Viggo Jakobsen in Simone Skyum, ‘Eksperter frygter vold og terror fra frustrerede klimaaktivister’, *Jyllands-Posten*, 18 May 2019.

181 Vanderheiden, ‘Eco-terrorism,’ p. 432.

182 Lya and Kjøk, ‘Energy Supply.’ 引用は p. 116。

183 Mandela, *Long Walk*, pp. 322, 337〔マンデラ、前掲書、三八二および三九七頁〕。しかし、ウムコント・ウェ・シズウェ（ＭＫ）がサボタージュの枠を超えて活動した事実を隠してしまうのは歴史に対して不誠実をはたらくことになる。マンデラは一九八三年五月、空軍と軍情報部の共同事務所を標的に、ＭＫが自動車爆弾攻撃を初めて行ったときのことを述懐している。攻撃では十九人が死亡し、二百人が負傷した。「一般市民の犠牲者が出るのはとても悲しいできごとで、わたしは死者の数に心底から恐怖を覚えた。しかし、悲劇に胸を痛める一方で、軍事闘争を始めると決めたからには、そういうできごとが起こるのはやむをえないという思いがあった。戦争には常に、人間の力の及ばない部分があり、力が及ばないことの代償は、常に大きい。だからこそ、武器を手にして立ち上がるという決断は、わたしたちにとって重く苦しいものだった。しかし、爆破工作を始めるときにオリバー・タンボが言ったように、わたしたちに武装闘争を決意させたのは、アパルトヘイト制度の側の暴力だった」*Ibid.*, pp. 617-18〔下巻、二九四－二九五頁〕。

184 *Ibid.*, p. 337〔同書、三九七頁〕。Smith, ‘Disruptive’, pp. 18-19. 次が参考になる。Vanderheiden, ‘Eco-terrorism’, pp. 441, 445.

185 「もしあなたが石油会社なら、どういう手合いを相手にしたいだろう？　ライフルを構える人間なら大丈夫だ。こっちには世界中のライフルがある。しかし、ソーラーパネルを持ち、ソーシャルメディアを利用し、頭の回転が速い人間だと、どうしていいか皆目見当がつかなくなるだろう」(McKibben, *Falter*, p. 225)。石油会社はエネルギー源を持たなければ、ソーシャルメディアも使わない、鈍い頭の持ち主であるかのような言い方だ。次も参考になる。Engler and Engler, *This Is*, pp. 6, 237-38.

★6 例えば次を参照。Jacqueline Charles, 'As Protests and Deaths Escalate in Haiti, Mayors Cancel Pre-Carnival Parties', *Miami Herald*, 8 February 2019; Gonzalo Solano, 'Ecuador's Protesters March; Clashes Break Out in Quito', *AP*, 10 October 2019; Peter Stubley, 'Protesters Use Lasers to Tackle Heavily Armed Police and Bring Down Drone in Chile', *The Independent*, 16 November 2019; Verna Yu, '"Mini Stonehenges": Hong Kong Protesters Take on Police, One Brick at a Time', *Guardian*, 15 November 2019; AFP, 'Flaming Arrows and Catapults: Hong Kong Protesters Recreate Medieval Tech to Battle Police', *Hong Kong Free Press*, 15 November 2019.

186 George Monbiot, 'With Eyes Wide Shut', *Guardian*, 12 August 2003. 時間による反論についての丁寧な議論は次を参照。Gross, *The Ethics*, pp. 265-67.

187 Chenoweth and Stephan, *Why Civil*, p. 10. 次も参考になる。pp. 30-37; Engler and Engler, *This Is*, pp. 26, 246-47.

★7 James Poulter, 'Extinction Rebellion's Tube Protest Isn't the Last of Its Problems', *Vice*, 17 October, 2019.

188 J. S. Rafaeli with Neil Woods, 'Fighting the Wrong War', in Farrell et al., *This Is Not*, p. 41; Griffiths, 'Courting', p. 96.

189 The Wretched of the Earth, Argentina Solidarity Campaign, Black Lives Matter UK et al., 'An Open Letter to Extinction Rebellion', *Red Pepper*, redpepper.org.uk, 3 May 2019. 次が参考になる。Damien Gayle, 'Does Extinction Rebellion Have a Race Problem?', *Guardian*, 4 October 2019.

190 例えば次を参照。Chenoweth and Stephan, *Why Civil*, pp. 60-61, 202-7.

191 Adams, 'Uncivil', p. 489.

192 この見方を裏付ける研究として次を参照。Brent Simpson, Robb Willer and Matthew Feinberg, 'Does Violent

Protest Backfire? Testing a Theory of Public Reactions to Activist Violence', *Socius: Sociological Research for a Dynamic World* 4 (2018): 1-14; Jordi Muñoz and Eva Anduiza, '"If a Fight Starts, Watch the Crowd": The Effect of Violence on Popular Support for Social Movements', *Journal of Peace Research* 56 (2019): 485-98.

193 ここで参照できる古典的なテキストは次である。Churchill, *Pacifism*.

194 次が参考になる。Mike Ryan, 'On Ward Churchill's "Pacifism as Pathology": Toward a Revolutionary Practice', in Churchill, *Pacifism*, p. 129.

195 こうしてビル・マッキベンは、二〇一〇年代後半の米国での気候政治のラディカル派を代表する存在として分析されている。Todd Schifeling and Andrew J. Hoffman, 'Bill McKibben's Influence on U.S. Climate Change Discourse: Shifting Field-Level Debates through Radical Flank Effects', *Organization & Environment* 32 (2019): 213-33.

196 Haines, *Black Radicals*, p. 184. 次などが参考になる。pp. 2-4, 8-9, 65-66, 180-83.

197 Smith, 'Disruptive', pp. 17-18, 20-21. 次が参考になる。Finlay, *Terrorism*, p. 309.

198 Brown, 'Dakota Access'.

199 Tom DiChristopher, 'Pipeline CEOs Vow to Fight Back against Environmental Activism and Sabotage', *CNBC*, 9 March 2018.

200 Chenoweth and Stephan, *Why Civil*, p. 37.

201 Damien Gayle, 'Heathrow Third Runway Activists Arrested before Drone Protest', *Guardian*, 13 September 2019.

202 Susie Cagle, '"Protesters as Terrorists": Growing Number of States Turn Anti-Pipeline Activism into a Crime', *Guardian*, 8 July 2019.

203 Extinction Rebellion, 'Statement on Today's Tube Action', *Extinction Rebellion*, rebellion.earth, 17 October 2019.

204 Catherine Bennett, 'The Extinction Rebels Have a Noble Cause. What They Don't Need Now Is Tactical

Stupidity', *Guardian*, 20 October 2019.

★8 Poulter, 'Extinction'.

205 これは次に倣った。Salvage Editorial Collective, 'Tragedy of the Worker: Toward the Proletarocene', *Salvage* 7 (2019): 40-1.

★9 Salvage Editorial Collective, 'Tragedy' p. 15.

3　絶望と戦う

抗議も抵抗も無駄に思えるのなら、ある選択肢がいつでも手の届くところにある。人類とこの星を諦めること。この選択肢の代弁者はすでに存在する。一例を挙げると、ロイ・スクラントン〔一九七六－米国の作家〕だ。その主張はまず『人新世での死に方を学ぶ（*Learning to Die in the Age of Anthropocene*）』という本で有名になり、その後『命運は尽きた。今度は何が？（*We're Doomed. Now What*）』が刊行された。スクラントンは「もうダメだ」と頑として譲らない。すでに手遅れなのだ——「黙示録的な地球温暖化を止めるにはもう手遅れだ」。「なにがしかのことができた時点は既に過ぎ去った」。私たちは「つねに崖っぷちにある」のであり、「終わりなき、底なしの、救いようのない人間の苦しみ」の深淵をじっとのぞき込んでいる。[206]「どうしたって最後には災厄が訪れる」のだ。[207]残されたのは「死に方を学ぶ」ことだけだ。正確に何があるいは誰が死に方を学ぶべきなのか？　そのところはあまりはっきりしていない。スクラントンは、個人、文明、資本主義文明、人類のあいだを行き来する。かなり症候的なカテゴリーの混同だ。今挙げたものどうしの規模を区別することすらおぼつかないのである。

しかし一片の曇りもないことがある。抗議と抵抗の無益さ。スクラントンの書き物を覆っているのは集団行動への軽蔑だ。「民衆気候行進」で四十万人のアトム化した人びととデモしたときに味わったむなしさをかれは記す――時間の無駄、「気候活動の政治的無力さ」の格好のモデル、「偽の期待感」による大衆慰撫[208]。運動が化石燃料の燃焼に影響をおよぼすことなどありえない。「どれだけ大勢の人びとが街頭で大規模なデモ行進や直接行動に参加したところで」、エネルギーは手の届かないところにある。なぜなら人びとは「生産を止めさせることができない」からだ。「かれらは消費しかしていない」[209]。当たり前のことだが、運動の側はこうした諦め屋さんのお話にはとっくに反論済みだと考えている。しかしスクラントンといえば、第三サイクルが進む今なおこれを説き続けている。二〇一九年六月にロサンゼルス・レヴュー・オブ・ブックス紙に掲載されたエッセイ[210]で、スクラントンはマッキベンと『地球に住めなくなる日』の著者であるデイヴィッド・ウォレス・ウェルズとを取り上げて、行動を起こせば最悪のシナリオはまだ回避できると述べていることを問題視し、「非暴力的な抗議による政治のほうがお定まりの希望的観測よりずっとましだと主張し続けられるのは、勘違いしたお人好しくらいのものだ」と言い切った。では、他に何をなすべきか？　ほんの一瞬、スクラントンは平和主義の超克という発想と戯れるそぶりを見せる――「非暴力が権力のない者たちの美徳とされるほんとうの理由は、権力を持つ者たちがみずからの生命や財産を脅かされる光景を目の当たりにしたくないからだ」――しかし、結局のところはいかなる行動にもしっかり反対するのである。[211]

なすべきは行動ではなく、足を蓮華座に組んでの沈思黙考。仏教式の瞑想が次第に心を安らかにしてくれる。「「我々は皆死ぬことになっている」という悪い知らせにどうしても相対しなければならないのなら、その知らせに対処する助けになりうる知恵は、「いずれにせよそれはやがて起こる」ことへの自覚から生じる」[212]。自己について「それはすでに死につつあり、すでに死んでいる」ことだけを自覚できるのならば、自己は静かに跡形もなく砕け散る。周りにあるものすべてが儚く、実体のないもの——ミリ秒単位で吹き飛ばされる宇宙の塵のように——であることを自覚できるのならば、世界を静かに忘れさることができる。大きな痛みは生じないだろう。活動家たちはこれまで世界を救おうと必死だった。しかし肝心なのは世界の終わりを受け入れることだ。意識の最高段階とは「運命に身を任せる」ことであり、行動こそがそうした不動心（アタラクシア）への障害である。「抗議行動でシュプレヒコールを唱えるたびに」と、スクラントンは嘆く。「私たちの思考力は鈍る」。むしろ「社会からの離脱」に励み、「社会生活への参加」を取りやめて、「死に向かう魂」を受け入れなければならないのである。

いったいどのようにして、このメッセージが「北」にいるこの書評紙の読者の心に響くだろう？　おそらくその理由は、気候崩壊においてこれまで通りの日常（ビジネス・アズ・ユージュアル）が助長する絶望を、それがはっきり表しているからだ。だが、スクラントンにとって、すべては自分語りから始まる。かれは内省的な自己顕示型のエッセイストであり、かつて「十歳年上のドイツ人女性と激しい恋に落ちた。このひとは私をハンブルクの自宅まで飛行機で連れて行ってくれた」などということを読者に知ってほしいと考え、そのような類いのデータに基づいて政治的な世界観を作り上げるようなタイプの書き手なのだ。[213] 文章では個人的な敗北感が強調される。「私はダメな環境保護主義者だ」とスクラントンは記す。みずからの汚染行為をコントロールできない、ということだ。スクラントンは何時間も車を運転し、「年がら年中」飛行機に乗り、使い捨てカップを使い、「最悪の場所」からやってきた牛肉やマグロを食べまくる。「正しくないことはわかっている。でもやってしまうのだ」。スクラントンは自分を一つの指標にして、支配秩序の変更可能性を判断する。「私が、一個人として、地球規模の気候変動を止めるために、あるいは遅らせるために何かできる可能性」はゼロであると記し、こう続ける。「あなたは地球を暖めている。私たちは毎日そうしているのだ。私たちには止められない。私たちは止めないだろう」。世界の鏡に映る自分の顔を見ながら、黒人に対してNワード〔Nから始まる差別的な呼称〕をひたらす使い続ける白人は、人種差別が廃絶された社会をおそらく想像できないだろう。気候問題では、こうした態度は「問題は自分たちの側にある」という確信を生む――敵が特定できれば闘うことはできるが、「地球温暖化では敵が想定できない」。闘うべき相手はおらず、「私たち」という絶えず罪を犯し続ける元凶だけが存在する。そして、この自己は紙コップを正しく分別して捨てることすらできないのだから、まさに私たちの命運は尽きている。

誰もがそうだが、スクラントンにも政治的な軌跡があり、いくつかの集団行動への参加経験もある。オレゴン州育ちのかれは、若かりし時にカスケード山脈を横断する石油パイプラインに反対するキャンペーンに参加した。この運動は勝利し、パイプライン建設は阻止されたものの、その経験はかれにとって辛くむなしいものだった。一九九九年にシアトルの街頭でWTO反対デモに参加したものの、その後「抗議活動を基盤とした社会運動に抱いていたなけなしの信頼すら」失ったというのだが、この出来事への反応としてはかなり変わっている（別の若いデモ参加者は夢中になるあまり、当初の志そのままに、エンデ・ゲレンデの主要なオルグの一人となった）。「私はエコウォリアーズ、ツリーハガー（樹木に自身を縛り付けるなどして伐採阻止に抵抗する人びと）、アナキストとは手を切った。この堕落した世界の政治とは金輪際関係を持ちたくはない」。そしてスクラントンは、今の当人が作り上げられる上で最も強い影響を及ぼした政治的経験に足を踏み入れた。米軍への入隊、イラク戦争への参加だ。左翼に激しく幻滅し、九・一一に激しいショックを受け、クリストファー・ヒッチェンズ（一九四九－二〇一一。コラムニスト。無神論の立場で有名。九・一一後にはイラク侵攻を支持したことでも知られる）のようなタカ派に大きな影響を受け、イスラームのテロリズムを鎮圧する必要性を確信したスクラントンは、「帝国の汚れ仕事」への欲求に駆られていた。かれはまた、一人前の男になって「自分の男らしさへの根強い不安」を晴らしたいとも考えていた。行動に飢えていたのである。

　初めのうちは軍隊がとても気に入っていた。今もある面ではそのようだ。「二〇〇三年の夏、バグダッドでの残忍で狂気に満ちた日々は」と、十六年後に出版された本で、スクラントンは書いている。[214]「私の人生の中でもきわめて甘く、純粋な日々だった。一瞬一瞬が超越した輝きを放っていた」。かれは「セックスよりも甘い」時を思い出す。「民間車両に突っ込んだ時に感じた、はらわたをえぐられるようなガツンとした感覚、渋滞した交差点を止まらず走り抜けた時に聞こえた天使の歌声、ライフルで男を射程に収めたときに味わった神の正義感」[215]。スクラントンは従軍したことを今もいくばくかは誇りに思っている。「イラクの子どもたちの自爆を防ぎ、反乱軍への武器供給を防いだ」。しかし、やがて腐敗した感覚が芽生えていた。占領への信頼も失われた。「イラクで良いことができたかもしれないという儚い幻想」を捨て去り、一回転して、米国の過ちは偶発的なものではなく、中東での「首尾一貫した帝国主義型作戦様式」の一部なのだという見解を抱かざるを得なくなった。この戦争全体が「いびつな事業」であり「私はそこから利益を得た。この戦争を起こるがままにさせたのだった」[216]。このとき以来、スクラントンは、いわばぐるっと曲がって射手を捉えるスナイパースコープを通して世界を見ており、これを気候変動についての公の立場の土台にしているようだ。そのエッセイでは気候はイラクと同義である[217]。私が引き起こした紛れもない破局(カタストロフィ)、抜け出すことのできない過ち、恐ろしく、取り返しのつかない結果をもたらしがちな、人の行いの愚かさを示す悲劇。スクラントンはこう演繹する。地球温暖化を緩和することは、ジョージ・W・ブッシュの指揮下で殺された子どもたちを復活させるのと同じくらい実現不可能である。

抵抗への関与をずっと続けていれば、気候への見方もまた変わっていただろう。葛藤する魂と知性の持ち主であるスクラントンは、青年時代のラディカルな発作がぶり返すのを完全には抑えきれない——時折、資本主義に暴言を吐く。『命運は尽きた』の終盤では「社会主義革命」を提唱さえし、「献身的な幹部」が十分な人数いれば実現できると説く[218]——しかし、灯りが消えると、書架にあるストア派や仏教の本に手を伸ばす。不可避なものを前にして諦めること、これがかれの主たる信条である。

これが単なる個人的な気まぐれの類いならば、わざわざ論評するまでもない。しかしスクラントンは、とりわけジョナサン・フランゼン（一九五九‐。小説家。小説に『コレクションズ』（日本語訳は早川書房刊）など）という、もう少し年長世代のアメリカ文学界の大所とこの立場を共有している。フランゼンはニューヨーカー誌の説教壇から、気候変動緩和の試みがいかにあさはかであるかを繰り返し説いている。スクラントンのように、かれは「地球の過熱はもう終わったことだ」と思っている。その証拠として、かれは「炭素を地中に残すと公約した国家元首は一人もいない」ことを挙げる。[219] 一七九〇年代以前には、アフリカの奴隷解放を公約した国家元首はいなかった。一七九一年七月（＝一八〇四年に政治的独立と奴隷解放を実現したハイチ革命が起きる直前）には、フランゼンのような気質の持ち主は、そのことだけを根拠に、奴隷制は永遠を約束されていると主張したかもしれない。この小説家にとって、過去三十年にわたる排出量の継続的増加は、排出量が削減できないことの証左だ――怒りの時代におけるあらゆる闘争が払いのけるべき不合理な推論である。かれは、これまで進展がないことに対して二つの選択肢がありうることを認めている。これまで以上に「世界の不作為への怒り」を感じるか、それとも「災厄が訪れつつあることを受け入れる」か。怒りを感じることは勧めないのである。

フランゼンは、スクラントンと同様に、自分の野放図なドライブやフライトに罪悪感を覚える。化石燃料の燃焼量を減らしたり、大きな取り組みに貢献したりする自身の姿を想像できないでいる。しかし、このような有罪性は人間という種の本性なのだ。「人間は自然界の殺人者である」、「怒りに満ちた地球の手にかかれば、私たちは皆、罪人になる」。[220] そして、こうした人間本性は変わろうとしない（フランゼンはここに緩和を妨げる「ナショナリズムや階級や人種に基づくルサンチマン」なるものを含めている）。[221] にっちもさっちもいかなくなったこの小説家にとって「直感的に道徳的な意味を持つもの」とは、「与えられた人生を生きること」――つまり、裕福な米国の知識人としての人生を全うすることだ。[222] フランゼンは気候破局のさまざまな側面に自覚的だと公言する。スクラントンもそうだ。スクラントンは、気候破局が「第二次世界大戦よりも深刻であり、人種差別や性差別、不平等、奴隷制、ホロコースト、自然の終わり、六度目の大絶滅、飢饉、戦争、疫病のすべてを合わせたものよりも深刻だ」と考えている。[223] 降参するのが賢明で、そうするしかないと思わせる、目眩がするほどの大げささだ。スクラントンは再生可能エネルギーの拡大に懐疑的であり（あまりに高価で不安定なものになると考えている）、フランゼンは敵対的だ（愛する野鳥を殺してしまわないかと恐れている）。両者とも適応を支持する。私たちは適応できる、とフランゼンは唱える。楽観ぶりはスクラントン以上だ――人類はつねに「優秀な適応者だった。気候変動もおおむねこれまでと同じことの繰り返しだ」[224]。偉大な米国人作家はあなただけにこうアドバイスする。私のように、あなたに与えられた人生を、あなたの能力を最大限に生かして生きていこう。

こうした立場――気候運命論と呼ぼう――は、四百ppmを超えた地球を上から見下ろすある種の米国知識人だけのものだと思うかもしれない。だが、それは間違っている。それはずっと以前から存在し、かなりの広がりを見せている。COP15後の二〇〇九年、小説家のポール・キングスノース（一九七二-）は、英国の気候運動の一部を分裂させて「ダークマウンテン・プロジェクト」を立ち上げた。その中心的な信条は昔も今も、文明の崩壊は止められず、エコロジー危機は抑えきれないのだから、そのいずれかに立ち向かう集団行動は絶対にうまくいかないというものだ。キングスノースはスウェーデン人の弟子を見いだした。ダーヴィッド・ヨンスタードである。第一サイクルでは直接行動グループに属する著名知識人だったが、今ではすべては終わったことだと言い放ち、地方に引っ込んで自分と家族のために農場を設け、狩りに出るようになった。一冊目の本では二酸化炭素排出量を割り当てることで危機は解決できると論じ、二冊目では崩壊の必然性を説いたと思えば、三冊目では自給自足生活の素晴らしさを記している。降参への道のりはかくも多岐にわたるものである。

　こうした人びとを結びつけているように見えるのは、少なくとも表面的には、絶望の物象化である。絶望は危機に対する感情的な反応としては大いに理解できるが、危機における政治の土台としては使い物にならない。気候哲学者のカトリオナ・マッキノンが「気候変動——絶望に抗する」（'Climate Change: Against Despair'）——運命論者の立場を見事な手つきで論理的に骨抜きにする論文だ——で論じているように、運命論とは多くの場合、つまるところ確率評価なのだ[225]。排出量をまずゼロにして、それから修復と再生に取りかかることは論理的にも技術的にも可能だという議論に対し、気候運命論者の一部は反論する。そのときに頻繁に用いられるのが、世界の現状を踏まえれば、そんなことはありえないという主張だ。スクラントンはある時点で次のことを事実だと認める。もしも私たちがなんとかして「人間の経済的・社会的生産を根本的に方向転換させる」ことができれば、それは達成されうるだろうと。しかしそれは「にわかに想像しがたく、相当に実現性の低い取り組みだ。主要な経済部門の中央集権的な管理、炭素の回収と貯留への巨額な国家投資、そしてかつてない規模での世界的な調整が必要となるだろう」[226]——脳内の理論的な半球で思い描くことはできても、現実世界では推進や実行の可能性はない。なぜなら抵抗勢力が気の遠くなるほど強大だからだ。ここでは気候についての絶望は、成功確率が限りなく低い——だから不可能だ——という判断に基づいている。この手続きは徹頭徹尾反政治的である。

誰かが世界の現状に影響を与えようとするときに、AではなくBという方法を用いるなら、その人がその結果を望ましいと考えており、その実現に貢献したいと考えているからに違いない。もしその人が、確率が高いからという理由で、実現可能性が最も高い結果を確認したいだけならば、行動する理由はまったくないだろう。その行動には規範的実体がない。戦略的な代価もない。ただぼうっとするだけだ。その結果をただぼけっとして待つことになるだろう。政治的な行動を起こすということは、確率評価を行動の根拠にはしない(確率を根拠に行動を起こす人はいないから)ということであり、これはスクラントンやフランゼンのような人物にもあてはまる。かれらは自分の書き物によって、他人に影響を与え、AよりBを選ばせようとしている。そのつもりがなければ口をつぐんでいればよい。もしスクラントンが、人びとが滝壺で蓮華座を組む確率は、鳥が羽を広げるのと同じくらい高いと考えているのなら、かれの提言は無駄に終わるだろう。気候運命論そのものが行為遂行的矛盾である。この立場はある確率分布を受動的に反映するのではなく、それを積極的に肯定するものだ——あるいは、マッキノンと共にこう言ってもよい。「それは自己成就型の予言になるかもしれない。不可能だと繰り返し論じられる事柄は、そのせいで不可能になる可能性がある」[227]。根本的な方向転換が「にわかに想像しがたい」と口にする人が増えれば増えるほど、想像しがたくなるというわけだ。

　ここでは想像力の果たす役割が極めて大きい。気候危機は、想像力に深く根を張り、互いに結びついた一連の不条理によって進行する。資本主義の終焉よりも世界の終焉のほうが、あるいは気候システムへの意図的で大規模な介入――「ジオエンジニアリング」――よりも経済システムへのそれのほうが想像しやすいだけではない。少なくとも一定の人びとにとっては、闘い方を学ぶよりも死に方を学ぶことを思い浮かべるほうが、なんらかの戦闘的な抵抗を行おうと考えることよりも、自分が大切にするものすべての終わりを受け入れることをイメージするほうが楽なのだ。気候運命論は、行動や思考にブレーキをかけるこうしたナンセンスにあの手この手で裏付けを与えようとする。実際、それこそが務めなのだ。気候運命論が個人の力には限界があることに依拠したとしても、ナンセンスなことにまったく変わりはない。マッキノンが示しているように、ある個人が自分自身の排出量を削減する意志を奮い立たせることができないとしても、そのこと自体はその人に排出量を削減する能力がないことの証明にはならない。ロイ・スクラントンは、ひどく血塗られたステーキとは別の料理をオーダーするほどの気概を持ち合わせていないかもしれないが、そのようなオーダーをすることもできる。もしかれが「諦めずに」やってみようとするのであれば――これが重要な前提だが――「だいたいうまくいく」[228]。ここでいう絶望とは「私は影響を及ぼすことができない。なぜなら私は影響を及ぼすつもりがないからだ」という主張に要約される。もちろん、奢侈的排出という行為を犯すあらゆる人にしても同様だ。そして、スクラントン－フランゼン型の気候運命論者（自給自足の猟師兼農夫については話は別だ）は、肉（人間の堕落した本性〕の抱えるこうした弱さを社会に投影し、既成秩序を変えることができないという個人の無力さを普遍的な事実にまで高めてしまう。世界の終わりを想像することは、私がフィレミニョンを食べないよりもたやすいのである。

運命論者からは、個人の排出削減を疑問視するのは、それが可能かどうかでなく、効果があるかどうかを問題にしているのだという反論があるかもしれない。私が先ほど記したように、ステーキを食べたところで、何十億ギガトンもの炭素を抱えてよろめく大気には一切の影響がないというわけだ。しかし、これはマッキノンが指摘するところの「連鎖式パラドックス」の一バージョンでしかない。砂粒を一つだけ砂山から取り除いたところで、砂山は壊れない。同じような砂粒を一つ除いても、やはり砂山はそこにある。そうしたことを繰り返し、最後には何も残らなくなるというものだ。気候に当てはめよう。今日私がロンドンからニューヨークまで飛行機に乗ったところで、排出量の総量には影響を及ぼさない。したがって、先週のフライトもまた影響を及ぼしていない。もしこれが私のフライトに当てはまるならば、他のあらゆる人のフライトにも、またその他の排出行為にも当てはまるはずであり、こうしてしまいには気候変動は人為的なものではないという結論に行き着くのだ。あるいは、拷問のケースを仮定してみよう。ある人が千個のスイッチ付きの拷問マシンに繫がれている。どのスイッチもその隣のスイッチと同じ形だ。スイッチが一つも入っていないと、このマシンには電流が流れず、このかわいそうな人物は何も感じない。スイッチがすべて入ると、耐え難い痛みに悲鳴を上げる。〇から千まで、実に多くのスイッチを入れることができる。一つ一つのスイッチが与える影響は小さいが、電流は次第に強まっていき、ある時点で痛みの閾値を超えることになる。気候に当てはめよう。一番はじめの排出行為は何の影響をもたらさないし、二回目も似たようなものだ。これがどんどん続いていくと、どこかで「気候が明らかに変化してしまった地点に到達する」[229]。この排出過程のどこかで――もしも問題が人為的なものならば――、少なくとも一回でも排出行為を行えば、感知可能な影響が生じているはずであり、逆もまたしかりだろう。

さて、マッキノンはリベラルな政治哲学のきわめて優れた伝統のなかで仕事をしているため、議論は個人による排出にきっちり絞られている。しかし、論理そのものは集団行動の中心的な力の場に変換できる。気候変動は階級という水準でなされる行動の累積的な結果――化石資本とそれに成り代わって支配する諸階級が生み出したもの――であるという事実を受け入れるなら、スイッチが入るたびごとに、それに対抗する動きが、必然的に、また原則として生じ、その行動を打ち消して、スイッチを切ることもできる。もしも対抗する力を与える集団が粘り強く諦めないのであれば、うまくいくかもしれない（ただし、論理的に言えばである）。これはCO_2排出の歴史を通してずっとあてはまっていた事実のはずだ。しかし、もう遅いのではないだろうか？　もし、たとえばスイッチパネルの六六六番に到達すると、拷問マシンはすっかり組み上がっていて、そこからは後戻りはできず、最大の苦痛へと前進するしかないとしたらどうだろうか？　これは、気候運命論の肩を持つ、科学的と推定される主張だ。排出量はすでに相当な量なのだから、今とこれからの削減はほとんど影響を及ぼさないので、そのために払われる膨大な努力を正当化はできないというわけだ。ただし、この主張には科学的な裏付けがない。「温暖化を制限できるかどうかの問題ではなく、私たちがそう選択するかどうかの問題である」という優れた表現が、二〇二〇年代に入ってからの気候の現状にかんする査読論文には記されている（ここでいう「私たち」とは人類のことで、敵対するブロックに分かれている）[230]。同丹の研究チームは明確にこう述べている。「将来の温暖化が正確にどれくらいになるかは、まだ建設されていないインフラに大きく依存している」[231]。そうしたインフラは阻止できる可能性があるのだ。

気候変動の累積的性質にかんする科学の根幹は運命論の公理に逆らう。ギガトン級の排出はそのすべてが問題であり、プラントにターミナルにパイプライン、SUVにスーパーヨットの一つひとつが、これまでの損害総計に影響を及ぼす。これは、四〇〇ppmと一℃を上回っているときにも、それを下回っているときと同様に言えることだ。五〇〇ppmか二℃、あるいはそれ以上でもやはり同じことが言えるだろう。地球温暖化の全体はつねに排出量の全体の関数である――後者が少ないほど前者は少なくなる。正のフィードバックメカニズムは、この機能を相殺するのではなくただ強める。ウォレス・ウェルズは科学的根拠と共にこう記す。「この戦いには、当然のことだが、まだ敗けてはいない――実際、私たちが絶滅を回避している限り、決して敗けはしない。なぜなら地球がどれだけ暑くなっても、その後の十年がさらに多くの――あるいはさらに少ない――被害を食い止めてくれるかもしれないからだ」[232]。もし運命論者が、まだ損害が出ていない時期にのみ緩和が意味を持つと考えるならば、かれらは気候をめぐる科学と運動双方のイロハを誤解していることになる。

気候運動は、地球温暖化そのものがまだ回避できると考えるほどナイーブではない。それはいま起きていることであり、すでにあまりにも多くの損害が出ており――350.org〔三五〇という数字は、大気中のまだ安心できる二酸化炭素濃度としての三五〇ppmに由来する〕、エクスティンクション・リベリオン〔絶滅への叛逆〕、エンデ・ゲレンデ〔炭鉱（ゲレンデ）はもう終わり〕といった団体名そのものに表されている認識だ――、さらなる損害を防ぐ努力を今や惜しむべきではないことを自覚している。だからこそ切迫感と怒りに駆られているのだ。巨大な救出作業がなされなければならないことを運動は理解している。この傷だらけの惑星で人間を始めとする生物が生き残り、うまくいけば繁栄するために、できる限り広い場を確保し、最良の場合には過去数世紀の傷を癒すという取り組みだ。新規CO_2排出装置の全面禁止のような要求は、CO_2濃度と温度がかなり上昇した状況でも一切の重要性を失わない。正確にはその逆だ。事態が進めば進むほど、必要なあらゆる手段でそれを実行する緊急性は高まる。気候緩和の目標をオーバーシュート〔一時的超過〕が起きれば、より多くの――より少ないではない――抵抗が生まれる。これはジオエンジニアリングのシナリオにも言えることだ。太陽放射管理（SRM）の開始、負の排出技術（ネガティブミッション）の導入といったものは、CO_2排出源の閉鎖と同時に実行されなければ急速に破綻するだろう。平然と行われている企業活動（ビジネス・アズ・ユージュアル）が遠い記憶となるまでは、人類が存在する限り、たとえ気象がどうあろうと、抵抗こそがサバイバルの道なのだ。抵抗は二〇〇九年には廃れていなかった。二〇二九年にもきっと廃れていない。

この危機がどう終わるのか、はっきりしたことは誰にもわからない。科学者にも活動家にも小説家にもモデル設計者にも予言者にもわからない。人間の行動には変数がありすぎて結果を見定めることはできないからだ。人びとが集団として結集し、スイッチが入るのを十分な力で防ぐなら、最悪の拷問のスイッチはもう入らない。こうしたパラメーターがある中で、人は行動するかしないかだ。砂山の一つ一つの砂粒のように、気候危機に立ち向かう集団に加わる一個人は一参加者として集団の力を強めることができ、その対抗集団には敵に勝利することができる可能性が生じてくるのだ。これ以上のことをしなくても、最低限の希望は維持できる。成功は確実でも蓋然的でもなく、可能なのだ。「希望の背景をなすのは根本的(ラディカル)な不確かさである」とマッキノンは記す。[233]またレベッカ・ソルニットはこう書いている。「あらゆることが起こりうるが、それが起きるかどうかは、私たちが行動するかどうかにかかっている。希望とは扉のことではない。どこかに扉があるかもしれないと感じることなのだ」。次の言葉はまさに核心を突いている。「希望とは非常時にドアを破る斧」である。[234]

この斧を振りかざしている人たちには、「もうダメだ」「命運は尽きた」「何とかして生きていくしかない」「何一つとして好転するものなどない」という声が絶えず浴びせられている。奴隷小屋からユダヤ人評議会〔ナチ占領下の東欧・ソ連西部を中心にユダヤ人ゲットーを管理するために作られた組織〕、そして現在に至るまで、あらゆる反乱は、敗北主義的な年長者たちに邪魔されてきた。しかし、実際に失敗した反乱はどうだったのだろうか？　悲観論者の正しさを証明したのではなかったのか？　ナット・ターナーの乱や〔一九四三年の〕ワルシャワ・ゲットー蜂起にはどんな意味があったのだろうか？　今日の運命論は敗北に終わった過去の闘争に軽蔑のまなざしを向ける。戦略的平和主義もそうだ。誰かが武器を取って立ち上がったが敗北したとするなら、それは武器を取ったせいだ。そうするべきではなかったのだと説く。チェノウェスとステファンは、〔一九八七年十二月に始まった〕第一次インティファーダで、パレスチナ人たちが投石や火炎瓶を用いたことをたしなめる。非暴力になんとか留まってさえいれば――指導部が「若者に投石を止めるよう説得する」[235]ことに成功していれば――、ヨルダン川西岸地域とガザ地区を〔一九九三年のオスロ合意以前に〕勝ち取ることができたのだ。そのような傲慢さは、帝国が所有する象牙とコンクリート製の塔の内側で生まれたのかもしれない（平和主義の皮肉に付け加えておこう。マリア・ステファンは『市民抵抗はなぜうまくいくのか』の担当箇所を執筆していたとき、アフガニスタンの首都カブールの米国大使館で、米国務省紛争・安定化作戦局（CSO）主任官を務めていた。[236]この部署のミッションは「米国の国益を損なう紛争を予測し、予防し、それに対応すること」だ。本書執筆時点で、同局のウェブサイトには、覆面姿の若者たちがバリケードを築き、火炎びんを投げる写真が掲載されている。）

同様に、チェノウェスとステファンは、フェダーインがアーヤトッラー・ホメイニーとの戦いを続けていたと非難する。そして〔ホメイニー政権が成立した〕一九七九年以降のゲリラ活動は、政権がイラン社会から望ましくない分子を「排除する口実」となっただけだという。[237]戦略的平和主義の世界では、ただ勝者だけが賞賛に値する（しかし、ここでは私自身の個人的なバイアスの存在を認めるべきかもしれない。私の近しい親族の一人は、かつてフェダーインの指導的な闘士だった。この女性は十代のときにシャー〔パフレヴィー朝時代の政権〕の地下牢で拷問を受けた。その後、ホメイニー政権下では武器を密かに持ち込み、非合法活動に携わる地下細胞の調整役を務めた。そして最終的に敗北した後、スウェーデンになんとかたどり着いたのである）。

敗者への蔑みは、正戦論の観点から再構築できる。抵抗運動（武力による自衛を含む）が正当化されるのは、脅威を回避できそうなときに限られる。もし敗北があらかじめ決まっているのなら、犠牲者に反撃する権利はない。しかし、この「成功条件」論は、たとえばワルシャワ・ゲットー蜂起については、好ましくない帰結をもたらす。[238] ありったけの銃をかき集めたユダヤ人たちは、自分たちがナチスに鎮圧されることを絶対に知っていたのであり、そしてまさしく予想通り、軍事的にはまったく成果を得られなかった。では、自分たちが列車に乗せられて〔強制収容所があるトレブリンカやアウシュヴィッツに送られるというのに、かれらはそれをただ黙って受けいれておくべきだったのだろうか？　この事例は、必要な変更を加えて、気候に置き換えることができる。いまこの時点で、実際に手遅れなのだとしよう。私たちは崖っぷちにいる。世界の終わりをもたらす温暖化の到来はもう何があっても変更できない。スクラントンとフランゼンには、現時点でそうなのだと主張するだけの科学的な根拠がない。こうした事態が起きるにはおそらくもう少し掛かるだろう。とはいえ、その可能性をまったく排除することはできない。ホットハウス・アース〔地球温室化〕説は、正のフィードバックメカニズムによって、地球は制御不能な加熱の軌道に乗ってしまうと警告する。[239] そうなってしまったら確かに、抵抗することは無意味に違いない。

人口を減らした人類が、極地近くで生き延びているとしよう。かれらは、あと数十年は生き続けるだろう。その子孫の一部には、もう少し長く生き延びるチャンスがあるかもしれない。私たちはかれらに何を話そうというのか？　人類は完璧な調和のもとで世界の終わりをもたらしたと？　だれもが進んで焼却炉に列をなしていたと？　あるいは、ユダヤ人たちのように、自分たちが殺されることを知っていながら戦った人たちもいたと?

ゲットーでは、死の控えの間たる絶滅収容所でと同様に、抵抗者たちは死との戦いに乗り出した。闘争し、抵抗することがただ一つの明快な選択肢だったが、それはほとんどの場合、戦闘員にとっては、いつ、いかに死ぬかを選ぶ以上の意味をなさなかった。直接的な結果――ほとんどの場合、死は避けられなかった――を超えたところにあって、かれらは歴史のため、記憶のために闘ったのだ[中略]。勝利の見込みがないなかでの犠牲と戦闘によってなされる、こうした生の肯定とは、歴史への信を示す行為としてのみ理解できる悲劇的なパラドックスである。[240]

アラン・ブロッサとシルヴィ・クランベールは『革命的イディッシュランド』(*Revolutionary Yiddishland*)でこう記している。まさに状況の絶望的なさまこそがこのような抵抗の高貴さを構成していたのだ。抵抗する人びとがあれほど頑強に生を肯定したのは、死が確実であったからであり、かれらはそれでもなお戦い続けた。こうした行為にとって手遅れということは決してありえない。目先の効用計算の枠内では抵抗は手遅れだというなら、たとえそれが天に向かって叫ぶ以外の意味を持たないとしても、抵抗によって、生命が有する根源的な価値の素晴らしさを証明するときが来ているのだ。[241] そうした主張をするには、ある種の力による行動が必要となるだろう。今こそエミリアーノ・サパタ(一八七九-一九一九。メキシコ革命の農民軍指導者)の決まり文句を思い出さなければならない。「あなたの膝上で生きるよりも、足下で死にたい」――何もせず焼死するよりも、パイプラインを爆破して死にたい——。だが、もちろん、このような事態にならないことを私たちは切に願っている。運命論にあらがえば、その到来は防げるかもしれない。研究結果は、複数のティッピングポイント（それを超えると変化が元に戻らなくなってしまう点のこと。大転換点とも）をすでに通過してしまっている恐れがある（たとえば、西南極での氷床融解）ことを実際に示しているが、それが際立たせるのは、まさしく緊急的な戦術の必要性なのである。もしもさらに多くのティッピングポイントが越えられてしまえば、その必要性はさらに高まり続ける。そして最悪の場合には、ワルシャワ蜂起の時が訪れてしまうのだ。

私たちはそこまで終末論的な状況にはまだ身を置いていないのだから、過去の闘争——敗北したものも含めて——には軽蔑よりも称賛を示すことのほうに意味がある。そうした闘争をやり抜く用意を整えてくれることになるだろうからだ。敗北には教育的機能もある。気候運動についてもそうだ。[242] COP15や発足直後のオバマ政権への失望がなければ、大衆行動への転回はなかったかもしれない。気候運命論は、疲労困憊し意気消沈した人びとのためにある。スウェーデンのある評論家はわかりやすくこう言った。「ブルジョワジーの贅沢」と。[243]『命運は尽きた』の記憶に残る一節で、スクラントンはティモシー・モートン（一九六八－）。ライス大学教授。日本語訳された著書に『自然なきエコロジー』（以文社）など）との対話に花を咲かせる。モートンもまた有名な文筆家で、強迫的な奢侈的排出者だ。モートンはスクラントンに気候破局（カタストロフィ）がいかなる意味で次のことを示すエピファニーであるかを明らかにする。「なんということか、私こそが破壊なのだ。私はその一部であり、私はその中にいて、私はその上にいる。それは美的体験であり、私はその中にいて、私は巻き込まれている、私は加担している」[244]。秘訣はこの契機に楽しみを見いだすことだ。「それがしまいには笑顔になる方法だと思う。破局的な空間にどっぷりと浸かるんだ。しまいには悪夢があまりに恐ろしいものになって笑い始めるのと同じだね」。ドミニカではこんな話を耳にするはずがない。いま現実問題として破局的な事態のなかで死の危険にさらされている――フィリピンなり、モザンビークなり、ペルーなりの――貧しい人びとが「私こそが破壊だ。それは美的経験だ。それを笑い飛ばしてもいいくらいだ」と発言するのを聞くことはないだろう。気候による死が現実のものであって、哲学的な「粋（いき）」ではないところでは、スクラントン＝フランゼン学派の綱領的運命論はまったく通用しない（宗教的運命論はまた別の話だ）。それを駆り立てる罪悪感は脆弱な「周辺」に見出すことはできない。自分の力で適応することができるという自信についてもそうだ。

　気候運命論は勝者のためにある。それがもたらすのは腐敗だけだ。ガンジー主義に心酔しきった気候活動家、実現性ゼロの再生可能エネルギーを追究する起業家、独善を絵に描いたようなヴィーガニズム万能論者、なんでもかんでもすぐに妥協してしまう国会議員ですら、「私たちの命運は尽きた――静かに墜ちよう」などと口にする「北」の白人男性よりもどれだけましなことか。気候否定論もどきの立場は数あれども、これほど醜悪なものはない。

*

ここまで来ると、「北」の環境運動史に詳しい読者は次のような疑問を抱くだろう。一九八〇年代から二〇〇〇年代初めにかけて一定の規模でサボタージュを実行したエコロジストたちがいたではないかと。アース・ファースト！（Earth First!: ＥＦ！）、動物解放戦線（Animal Liberation Front: ＡＬＦ）、地球解放戦線（Earth Liberation Front: ＥＬＦ）が活動した時代のことだ。「モンキーレンチング」や「エコタージュ」と呼ばれたその妨害キャンペーンは、一九九〇年代に頂点に達したある種のサブカルチャーの内部で盛り上がった。[245] パンクとハードコアにゴミ箱あさりとヴィーガニズムが、スピリチュアルな旅とホーリスティック医学にスクウォッティングとゲリラ・ガーデニングが、ファンジンにハーブが混ざり合っていたのだ。ＥＦ！、ＡＬＦ、ＥＬＦのイデオロギー的源泉は二つある。ディープ・エコロジーと動物解放論。どちらもそれ以来、街頭での信頼を失っている。どちらも気候危機とはさほどかかわりがない。ディープ・エコロジーとは、「北」の環境保護主義者たちがすぐに自覚したように、きわめて反動的な類のエコロジーであり、危機の原因を人間文明そのものに求め、人口過剰をことさらに取り上げて、人間を現在の規模から大きく削減することこそが処方箋だと説くものである。

この潮流をアップデートし、エコタージュを気候変動時代にふさわしいものにリバイバルしようという近年の試みに、アリック・マクベイ、リエール・キース、デリック・ジェンセンの著作『ディープ・グリーン・レジスタンス』（*Deep Green Resitance*）がある。著者たちは、人間文明は「産業文明」として、ただちに全面的に解体されなければならないという信念を繰り返す。この人間文明は「産業文明」とも呼ばれているが、農業も含まれていて、これもまた廃止すべきとされる。崩壊が生じたのは、狩猟と採集が農業によって圧迫されたときのことだ。農業は始まったときから――数万年前から――「永続的な成長に基づいていた」[246]。私たちにもうそんなものは許されない。太陽光発電も風力発電もダメだ。石炭や石油同様に忌まわしいものだ。学校や都市は閉鎖され、人口は削減されなければならない。「本当に持続可能な世界人口とは、三億人から六億人のあいだのどこかだろう」[247]。そのような大量絶滅を実行する手段となると、相変わらず歯切れは悪くなる。

このサブ運動が掲げるイデオロギーについてはこれくらいにしよう。戦術についてはどうか。EF!、ALF、ELFのほか、ゆるやかに結びついた小グループや個人が、一九七三年から二〇一〇年にかけて世界中で実施した行動の総数は二万七千百件に上ることが、この分野の第一人者マイケル・ローデンサルの丹念な調査で明らかになっている[248]。最も多かったのはスプレーでグラフィティを描くという器物損壊だった――気候運動では用いられない控えめなサボタージュの一形態である。しかし、タイヤを切り裂いたり、自動車に火をつけたり、窓を壊したり、鍵穴に接着剤を注ぎ込んだり、ツリースパイキング〔金属やセラミックを木の幹に巻き付けて伐採を妨害すること〕を行ったり、爆弾や騒音爆弾〔音を出すことによる妨害行為・工作の総称（施設での目覚まし時計のセット、クラッカーの投げ込み、ピンポンダッシュなど）〕を投げ込んだりと、行動の一覧からはそこそこ豊かな想像力がうかがえる。ターゲットの選び方にさしたる基準はなかった。マクドナルドのレストラン、銀行、遺伝子組み換え作物を扱う研究施設、毛皮の小売店、ミンクの飼育場（当時は米国やスウェーデンの森に何千匹ものミンクが「解放」されていた時代だった）、狩猟小屋、野生動物博物館——活動家は展示されていた動物の剝製に火を放った——、牧場、孵化場、アパートの建設現場、オオヤマネコの生息地を浸食するスキー場、その他にも様々な場所がエコタージュの攻撃を受けた。一九九六年、ELFはオレゴン州ユージーンのシェブロンのガソリンスタンドで錠前に接着剤を注ぎ込んだ。[249] 一九九八年、カナダのアルバータ州で石油とガスの採掘設備が爆弾で吹き飛ばされた。二〇〇三年、ELFのある細胞は南カリフォルニアのサンガブリエルバレーでカーディーラー四件への襲撃を認める声明を出した。[250] うち一件では、SUVの保管場でハマーの新車四十台が炎に包まれた（ロスアンジェルス・タイムズ紙には、これをテロリズムではなく「破壊行為（ヴァンダリズム）」と報道する眼力があった）。耳目を驚かすようなサブ運動のアクションは終わりを迎えており、この行動はその最後のひとつだった。気候運動が大きくなるなかで、この手の運動は衰退していったのである。

こうした短い間の出来事から何がわかるだろうか？　ローデンサルが強調するのは、二万七千百件の行動は四人の死者を出したが、すべて組織に属さない襲撃者によるもの（ユナボマーによるもの〔ユナボマーことセオドア・カジンスキーによる連続爆弾事件のうち、一九八五年、一九九四年、一九九五年にそれぞれ一人が犠牲になった〕と、二〇〇二年にオランダの政治家ピム・フォルタインを暗殺した青年によるもの）だったことだ。[251] EF!、ALF、ELFは一人の死者も出していない。九九・九%の行動で負傷者が出ていないのである。これはもちろん意図的な選択によるものだった。「建物にはどんな生き物もいないことを事前に確認しています。プロパンガスのボンベを戸外に出して、通りの反対側まで移動させることだってやりました。もしかしたら——最悪の場合には

——消防士が負傷するかもしれないからです」と、ELFの代表的な文書には記されていた。[252] これは、人に暴力を振るうことなしに財物破壊が可能であることを示す、これまでのところ最も説得的な証拠かもしれない。これは、ランチェスター・パラドックスとはかなり対照的なものとなるように思われるだろう——これだけたくさんのことがごく最近には起きていたのに、なぜいまはほとんど起きていないのか？　しかし、このパラドックスには、別の視点から見るとむしろ、簡単な答えがあるかもしれない——気候運動が飛躍的に大きなものとなったのは、EF!、ALF、ELFのエコシステムとつながりがなかったからなのだ。もし気候運動がエコタージュから始まっていたら、何の進展もなかっただろう。妨害目的の破壊活動が数千件も行われたにもかかわらず、成果と呼べるようなものは皆無に近く、今に残るようなレガシーはまったくない。一連の行動は大衆運動とのダイナミックに関わるなかでなされたのではなく、たいていは何もないところでなされたものなのだ。

この歴史の使用価値が限定的なものであることは、『ディープ・グリーン・レジスタンス』で隅々まで証明されている。この本は純然たる代行主義の誓いを立てる。少数の核となる武装戦闘員たちが、大衆の代わりに掩ぺい壕から列をなして行進するのだ。「私たちの予測によれば、大衆運動は今後決して生じない」——「数百万人が勇敢に立ち上がるという最後の、胸を焦がすような夢を捨てる準備はできているか？」[253] これは戦闘的なふりをした絶望であり、気候問題では誤りであることが証明されている。逆立ちした戦略的平和主義の非両立命題と言ってもよいだろう。大衆は不在で、武装した前衛だけが存在する。マクベイたちは臆面のないエリート主義者だ。

十万人から一人を募れば十分である。その「戦士」が完璧な性格でありさえすれば――「浮動する人間が大勢いるより、信頼できる人間が少数いるほうがよい」[254]。こうした少数の勇敢な者たちに与えられた使命は、氷河期以来発展を続ける人間文明を元に戻すことだ。かつてのエコタージュ同様に、『ディープ・グリーン・レジスタンス』が張る網は、敵の姿の曖昧さと同じくらい広い。攻撃する者がターゲットとすべきは、橋、トンネル、山道、ダム、工場、送電網、インターネット――ジェンセンはまた「世界中の全携帯電話基地局の即時破壊」も提起している[255]――、銀行にボンベイ証券取引所、それに発電所とパイプラインだ。

『ディープ・グリーン・レジスタンス』の最後の三百ページは、「エコロジー最終戦争」なるもののマニュアルとなっている。目的は「経済あるいは政治システムの違いを問わず、広範な産業の崩壊を誘発する」[256]こと――組織された人間の生活を白紙(タブララサ)にまで切り縮め、この星を動物界に返還することだ。数年も戦争すれば、彷徨うコマンドーたちがCO_2排出量を九十%削減するだろう。おそらく、そのあいだに人口もいくばくか削減できるだろう。殺人はもはや忌むべきものではない――「かけがえのない価値をもつ一人ひとりが、かけがえのない価値をもつ暗殺の標的となる」[257]――、極端な環境保護志向のゲリラたちが各大陸を股にかけて戦い、かさを増す血の川をかき分けて進み、生き残った年長者のために薪を集める。黙示の書に描かれた気候戦争は、『ターナー日記』〔米国の著名な極右活動家ウィリアム・ルーサー・ピアース(一九三三‐二〇〇二)の一九七八年の小説。ネオナチや白人至上主義者、反ユダヤ主義者などの極右諸勢力に絶大な影響を与え、数々のテロ事件の引き金ともなったとされる〕をはじめとする人種間戦争にかんする米国流の白昼夢を彷彿とさせる。それは、ディープ・エコロジーに訪れたもう一つのエンディングだ。これによって、暴力的な抵抗の概念そのものが吐き気を催させるようなものに見えるだろう。

おそらく気候運動は、結局のところ、こうした道に一歩たりとも足を踏み入れないことによって、十分な教訓を学んできたのだ。『ディープ・グリーン・レジスタンス』という本は、部隊行動用の作戦地図というよりも、硬直した絶望と行き詰まりの徴候として読まれるべきだ。おそらく、灼熱の地球では、この種の熱に浮かされた夢が増えていくことだろう。おそらく、暴力という発想を弄ぶ事例はすべて、この症候群の一部なのだろう。私たちから正気が奪われているのだ。

*

戦闘的（ミリタント）な気候闘争がこのような深い溝に陥ることを避けるにはどうすればよいのだろうか？手始めに、ディープ・エコロジーを逆立ちさせることだろう。ディープ・エコロジーが文明に、そして実際には人類そのものを相手に戦争を起こそうとしているのに対し、気候闘争は、ホモ・サピエンスのために組織化された社会生活という意味での、文明の可能性を求めて闘う。ディープ・エコロジー流の闘争とは異なり、気候闘争は特定のゆがんだかたちの文明——化石資本という台座に築かれた文明——を標的とし、それを解体して、別のかたちの文明が存続できるようにする（そうでなければ何も存続しない）だろう。このことは、気候にまつわる戦闘的な活動（ミリタンシー）が、反資本主義の大きなうねりと明確に結びつけられなければならないことを意味している。かつて生産様式が変わるなかで、支配階級への物理的な攻撃が、社会全体の再編成をするにあたってごくごくわずかな役割しか果たさなかったときと同じようにである。それはどのようにしたら起こるのだろうか？　事前には知りようがない。実践に没頭することによってのみ知りえることなのだ。

*

二〇一六年のエンデ・ゲレンデは、ドイツ東部ブランデンブルク州のシュヴァルツェ・プンペ石炭火力発電所付近の褐炭露天掘り炭鉱〔ウェルツォウ－スュッド〕と貨車軌道を標的にした。このラウジッツにある巨大発電所では褐炭が使用され、巨大な煙突からもくもくと煙が吐き出されている。燃料は近くの巨大炭鉱から専用軌道で運ばれている。この行動があった年まで、シュヴァルツェ・プンペとドイツ国内の四つの同様の施設はバッテンフォール社の所有だった。同社はスウェーデン政府が所有し、政府の指示下にあるエネルギー企業だ。二〇一四年のスウェーデン議会選挙で、緑の党の党首グスタフ・フリドリンは、石炭の塊をポケットに入れて持ち歩いた。そして行く先々で、演説やテレビ討論のたびに、その塊を掲げ、地中の石炭に蓋をする〔石炭採掘は止める〕と、断固とした口調で決意を表した。ドイツでバッテンフォール社が所有していた褐炭火力発電所では、スウェーデン国内の総排出量にその三分の一を加えた量のCO_2が排出されていた。発電所閉鎖こそが最大の排出削減策というわけだった。フリドリンと緑の党は政権に参加したら発電所は閉鎖すると公約した。そしてかれらは政権に参加し、二年後にはシュヴァルツェ・プンペとその四つの姉妹施設はスウェーデンの所有から外れることになる。チェコ共和国の——同国最大の富豪を含む——資本家のコンソーシアムに売却されることになったのだ。かれらは褐炭の復権に投資しており、そのためにより多くの資源を必要としていた。社会民主勢力と緑の党が率いるスウェーデン政府は、ヨーロッパ大陸最大級の炭鉱を閉鎖するのではなく、手ぐすね引く化石資本に直接献上することにしたのである。

軌道上に貨車は走らず封鎖は完璧だった。私がいたアフィニティグループはみなうずうずしていた。攻勢を続けたかったのだ。白いつなぎに身を包んだ周りの数百人も同じ考えだった。そこで私たちは即席の会合を持ち、事前の計画にはなく、アクションコンセンサスがカバーしていない作戦のために結集した。軌道を後にし、発電所本体に向かったのだ。発電所を囲む森まで行くと、フェンスがあった。先頭に立ち、歩いたり、小走りしたりしていた私のアフィニティグループは、そのフェンスを引き倒し、壊し、踏みつけると、さらに行進を続けて発電所の境界線までやってきた。目印になったのは、先ほどよりも頑丈なフェンスだったが、これも引き倒した。数人いた警備員が呆気にとられ、多勢に無勢の状況となると、私たちは敷地内に突入した。長年気候運動に関わるなかで、これほどの爽快感を味わったことはなかった。胸が高鳴るような、心が躍るような思いだった。一瞬とはいえ、この星を破壊しているインフラの一部分を手中に収めたのだ。好きに振る舞うチャンスだった。私たちは施設の区画になだれ込んだ。先ほど遭遇した警備員のように目を丸くしながら、道順も行き先もよくわからないままに。こちらのゲートはどうだとチェックし、あちらのタワーに入っていき、隅の方でスローガンをスプレー書きした。設備をシャットダウンするやり方を見つけられないでいると、やがて登場した警官隊に、警棒とペッパスプレーで追い払われた。私たちは封鎖中の軌道まで引き返した。翌朝、バッテンフォールは、エンデ・ゲレンデによって発電の全面停止を余儀なくされたと発表した。ヨーロッパの化石燃料を用いる発電所では初めての事態だった。

企業、メディア、政治家は愕然とした。[258] バッテンフォールの大陸事業の最高経営責任者（CEO）は「暴力的な圧力により生産が停止され、ドイツのエネルギーシステムに直接の介入が行われた。このようなことはこれまでなかった」と述べた。かれは「蹂躙の痕跡」を見てくださいと言い、フェンスの破壊を *massiven kriminellen Gewalttaten*（大規模な犯罪的暴力行為）と形容した。町長はこの言葉を繰り返した上でこう述べた。「あの人たちはまさに想像を絶する損害をもたらしました。この地域とシュヴァルツェ・プンペ工業団地のセールスポイントのひとつは「産業に優しい」なのです。こんなことがあっては、私たちが投資家と築こうとしているイメージが台無しです」（それから一年も経たないうちに、チェコの新しい所有者は、事態の動きが政治的に好ましくないとして、シュヴァルツェ・プンペに燃料を供給する炭鉱ともう一つの採掘場の拡張計画を延期した。エンデ・ゲレンデは部分的な勝利を収めたのだ）。市民的不服従は「物が壊されたときに終わる」と、ある公共放送局はこの行動を非難した。グスタフ・フリドリンはこの行動を「違法」だと言った。

発電所襲撃事件は独自の様相を帯びていった。ドイツ東部ではエンデ・ゲレンデの「暴力的」な性格を示すものだとされたが、このことは事態の不条理さをますます痛感させた。フェンスの破壊が大規模な犯罪的暴力行為（マシーフェン・クリミネレン・ゲヴァルトゥターテン）、蹂躙、想像を絶する損害と公的に呼ばれる一方で、シュヴァル

シュヴァルツェ・プンペ発電所の正門右にある破れたフェンス。
ここから数百人が敷地内に突入した。（2016 年 5 月）
(cc) SPBer

敷地内部になだれ込んだデモ隊のようす（2016 年 5 月）
(cc) Ende Gelände 2016

ツェ・プンペから絶え間なく吐き出される二酸化炭素を含んだ水蒸気の雲は、平穏（ピースフル）な正常性の印なのだ。こうした歪曲は、「ドイツのための選択肢」（ＡｆＤ）——気候変動を否定し、石炭を愛し、ドイツ国内の炭鉱をとことん掘削しろと主張する極右政党——が主要な支持基盤を持つドイツ東部〔旧東ドイツ地域〕の政治状況と関係している。この侵入行為にたいしてＡｆＤほど憤慨している政党はなかった。数時間後には、極右活動家と地元の人びとが暴徒化し、エンデ・ゲレンデのブロックポイントを複数襲撃して爆竹を投げ込んだり、活動家を車で追い回したりした。化石資本の防衛という任務がヨーロッパなど各地の極右に引き継がれている以上、こうしたタイプの暴力がさらに増えることは間違いない[259]。

しかし、フェンスを破壊することが暴力行為なのだとしたら、それは最も心地よい種類の暴力だった。私はその後何週間も気持ちが高ぶっていた。気候崩壊が日常的に生み出している絶望は、一時的にではあるにせよ、すべて体の外に出てしまった。集団的なエンパワーメントが注入されたのだ。『地に呪われたる者』のよく知られた一節で、フランツ・ファノンは暴力を「解毒作用」として論じている。暴力は先住民から「観想的ないし絶望的な態度を取り去ってくれる。暴力はかれらを大胆にし、みずからの目に尊厳を回復させる」[260]。地球温暖化ほど絶望をもたらすプロセスはめったにない。想像してみてほしい。いつの日にか、世界中に——とりわけグローバルサウスに——つもりに積もったこうした感情の貯蔵庫が、そのはけ口を見つけるときのことを。ガンジー流の気候運動の時代があった。もしかしたらファノン流の気候運動の時代が訪れるかもしれない。フェンスを壊すことは、いつの日にか、取るに足らない軽犯罪とみなされるかもしれないのである。

206 Roy Scranton, *Learning to Die in the Anthropocene: Reflections on the End of a Civilization* (San Francisco: City Lights, 2015). 引用は pp. 16-17。; Roy Scranton, *We're Doomed. Now What? Essays on War and Climate Change* (New York: Soho Press, 2018). 引用は pp. 7, 73。次を参照。これはスクラントンへの優れた批判であり、本書のサブタイトルは半分ここからもらっている。Ted Stolze, 'Against Climate Stoicism: Learning to Fight in the Anthropocene', in Jan Jagodzinski (ed.), *Interrogating the Anthropocene: Ecology, Aesthetics, Pedagogy and the Future in Question* (Cham, Switzerland: Palgrave Macmillan, 2018), pp. 317-37.

207 Roy Scranton, 'No Happy Ending: On Bill McKibben's "Falter" and David Wallace-Wells's "The Uninhabitable Earth"', *Los Angeles Review of Books*, 3 June 2019.

208 Scranton, *Learning*, p. 62.

209 *Ibid.*, p. 60.

210 Scranton, 'No Happy'.

211 Scranton, *Learning*, 74.

212 Scranton, *We're Doomed*, pp. 68, 8, 316-17; *Learning*, pp. 84-85.

213 Scranton, *We're Doomed*, pp. 90, 66, 69; *Learning*, pp. 68, 85.

214 Scranton, 'No Happy'; *We're Doomed*, pp. 90-95（「帝国の汚れ仕事」という表現はジョージ・オーウェルのエッセイ「象を撃つ」からの引用）。

215 Scranton, *We're Doomed*, pp. 97, 140.

216 Scranton, *We're Doomed*, pp. 129, 201, 203.

217 このアナロジーは以下でなされている。Scranton, 'No Happy'.

218 Scranton, *We're Doomed*, p. 333. 次も参考になる。pp. 320, 330-31. 葛藤する知性について語るなかで、スクラントンは「一般に知られるようなグローバルな資本主義文明はすでに終わった」ことを教えてくれている。Scranton, *Learning*, p. 24.

219 Jonathan Franzen, *The End of the End of the World* (London: 4th Estate, 2018), p. 52; Jonathan Franzen, 'What If We Stopped Pretending?', *New Yorker*, 8 September 2019.

220 Franzen, *The End*, pp. 44, 51.

221 Franzen, 'What if'.

222 Franzen, *The End*. p. 51（強調は引用者）。

223 Scranton. 'No Happy'（強調は引用者）。

224 Franzen, *The End*, p. 53. p. 48 のフランゼンの鳥類の適応能力についての考察は、裕福なアメリカ人のそれを反映しているように思われる。

225 Scranton, *We're Doomed*, p. 320（強調は引用者）。

226 Catriona McKinnon, 'Climate Change: Against Despair', *Ethics and the Environment* 19 (2014): 31-48.

227 McKinnon, 'Climate', p. 45.

228 *Ibid*., pp. 41, 43.

229 *Ibid*., p. 40.

230 Lamontagne et al., 'Robust Abatement', p. 290.

231 Tong et al., 'Committed Emissions', p. 376.

232 David Wallace-Wells, *The Uninhabitable Earth* (London: Allen Lane, 2019), p. 32〔デイビッド・ウォレス・ウェルズ、藤井留美訳『地球に住めなくなる日――「気候崩壊」の避けられない真実』ＮＨＫ出版、二〇二〇年、第5章より〕。

233 McKinnon, 'Climate', p. 40.

234 Rebecca Solnit, *Hope in the Dark: Untold Histories, Wild Possibilities* (Edinburgh: Canongate, 2016), pp. 4, 22〔邦訳（レベッカ・ソルニット、井上利男訳『暗闇のなかの希望――非暴力からはじまる新しい時代』、七つ森書館、二〇〇五年）と異版であるため、完全な形で対応する箇所はない。ただし一部は一七－一八頁にある〕。

235 Chenoweth and Stephan, *Why Civil*, p. 120. さらに pp. 119-46 も参照。

236 Maria J. Stephan, United States Institute of Peace, usip.org, p. 148. accessed 15 October 2019; Bureau of Conflict and Stabilization Operations, U.S. Department of State, state.gov, accessed 15 October 2019.

237 Chenoweth and Stephan, *Why Civil*, p. 117.

238 成功条件とワルシャワ蜂起については次で議論されている。Daniel Statman, 'On the Success Condition for Legitimate Self-Defense', *Ethics* 118 (2008): 659-86.

239 次を参照。Steffen et al., 'Trajectories of the Earth'.

240 Alain Brossat and Sylvie Klingberg, *Revolutionary Yiddishland: A History of Jewish Radicalism* (London: Verso, 2016), p. 162（強調は引用者）。

241 これが、Statman, 'On the Success' で検討された成功条件問題へのひとつの解答である。ただしスタットマンは、絶望的抵抗という意味で名誉を守ることを支持し、そうした正当化を最終的には拒否する。

242 次で指摘されている。Jennifer Hadden, 'Learning from Defeat: The Strategic Reorientation of the U.S. Climate Movement', in Cassegård et al., *Climate*, p. 145.

243 Jonas Gren, 'Vad vet författarna om klimathotet som vetenskapen har missat?', *Dagens Nyheter*, 10 September 2019.

244 Scranton, *We're Doomed*, pp. 46-47.

245 この運動のこうした側面について例えば次を参照。Adam Weissman, 'The Revolution in Everyday Life', in Steven Best and Anthony J. Nocella (eds.), *Igniting a Revolution: Voices in Defense of the Earth* (Oakland: AK Press, 2006), pp. 127-36.

246 Aric McBay, Lierre Keith and Derrick Jensen, *Deep Green Resistance: Strategy to Save the Planet* (New York: Seven Stories Press, 2011), p. 209（強調は削除した）。

247 *Ibid.*, p. 210. 次なども参考になる。pp. 194, 441.

248 Michael Loadenthal, '"Eco-Terrorism": An Incident-Driven History of Attack (1973–2010)', *Journal for the*

Study of Radicalism 11 (2017): 1-104〔行動の説明についての訳注はこの論文を参照した〕。多岐にわたる攻撃について詳しくは次を参照。Best and Nocella, *Igniting*.

249 Noel Molland, 'A Spark That Ignited a Flame: The Evolution of the Earth Liberation Front', in Best and Nocella, *Igniting*, pp. 55-57.

250 Julie Tamaki, Jia-Rui Chong and Mitchell Landsberg, 'Radicals Target SUVs in Series of Southland Attacks', *Los Angeles Times*, 23 August 2003. ＥＬＦは、Vanderheiden, 'Eco-terrorism' が行う概念的な議論に経験的な素材を提供している。

251 Loadenthal, "Eco-Terrorism", pp. 4-5, 8, 17. 次が参考になる。Vanderheiden, 'Eco-terrorism', p. 426.

252 ELF, 'Earth Liberation Front FAQ', in Best and Nocella, *Igniting*, p. 407.

253 McBay et al., *Deep Green*, pp. 26, 494.

254 *Ibid.*, pp. 299, 506.

255 Derrick Jensen, 'What Goes Up Must Come Down', in Best and Nocella, *Igniting*, p. 289.

256 McBay et al., *Deep Green*, p. 458.

257 *Ibid.*, p. 409.

258 この段落に引用した発言の典拠は順に次のとおり。*Die Nachrichten*, 'Ende im Lausitzer Gelände', deutschlandfunk.de, 15 May 2016; *RBB 24*, 'Viel Kritik nach Kohle-Protestwochenende in der Lausitz', rbb24.de, 17 May 2016; TT, 'Fridolin tar avstånd från kolprotest', *Sydsvenska Dagbladet*, 16 May 2016（引用した発言について、ＣＥＯはハルトムート・ツァイス、町長はクリスティーネ・ヘルンティア、公共放送局はＲＢＢ24を指す）。

259 次を参照。Andreas Malm and The Zetkin Collective, *White Skin, Black Fuel: On the Danger of Fossil Fascism* (London: Verso, 2021).

260 Frantz Fanon, *The Wretched of the Earth* (London: Penguin, 2001 [1961]), p. 74〔フランツ・ファノン、鈴木道彦・浦野衣子訳『地に呪われたる者』、みすず書房、二〇一五年、九三頁〕。

補論　反撃はいつ始まるのか？

訳者付記　本稿は、『パイプライン爆破法』の刊行以降に寄せられたさまざまな反応について、執筆以後の情勢にも触れながら、著者が出版社VersoのWebサイト上で応答した記事（Andreas Malm, 'When Does the Fightback Begin?', Verso.com, 23 April 2021）の日本語訳である。本書の受け止められ方とコンテクストの一端を伝えるとともに、本編の理解の助けにもなるので、補論として収録する。なお原文でリンク先としてのみ示されている注釈については、典拠がわかるように参照先のソースを示し、かつURL自体は注が冗長になるので取り除いた上で、原文の注記とまとめて掲載した。

いま起きている出来事にペンで介入するとき、書き手が最も強く望むのは、あらゆる立場の同志がそのテキストに密接かつ批判的に関わってくれることだ。最近、『コロナ、気候、慢性的な緊急事態——二十一世紀の戦時共産主義』[1]と本書『パイプライン爆破法』の二冊を刊行したところ、私の元にはこうした贈り物が山ほど届けられた。当然ながら、私の議論に真剣に異議を唱えるものもある。またそこには、気候運動や左翼全体にとって要となる戦略的問いをめぐるものも含まれている。これを受け、いくつかの論点について応答し、詳しく述べておく必要を感じた。この小論では『パイプライン爆破法』を扱うことにする。ただし、まず断っておきたいのだが、この本をめぐって私が行った最も生産的な議論はテキストにはなっていない。そうした議論は、気候運動の内部または周辺にいる同志たちとの対話から生じている。また強調しておきたいこととして、私は『パイプライン爆破法』で、エクスティンクション・レベリオン（XR）をかなり手厳しく論じたが、XRのメンバーとはよく話をしており、闘争が抱えるジレンマをめぐり、かれらが示したきわめて鋭く、明晰な見解には感銘を受けている。ここではテキストのかたちで提示された批判に焦点を絞ることとして、その前にまずは『パイプライン爆破法』の基本的な命題の一部を改めて提示し、更新しておこう。

反撃はいつ始まるのか？

小説『未来省』[2]は、ナオミ・クラインの『これが世界を変える』[3]刊行以来の、気候政治をめぐる最も重要な本である。著者のキム・スタンリー・ロビンソンは超致死的な熱波について語るところから物語を始める。それが起きるのは二〇二五年のインド、ウッタル・プラデーシュ州。暑さと湿気が相まって、外気はサウナのようになり、そうした状態が来る日も来る日も続いている。

人間の体はそうした環境に長く耐えるようにはできていない。登場人物の一人、米国人ボランティアのフランクが住むラクナウ近郊の町では、屋根の上で一夜を過ごす家族がいる。そして翌朝、一家は年長者や子どもたちが夜の間に死んでいることに気づく。「悲嘆の叫びが空を切り裂く」。死体が太陽の下で腐っていく。地域一帯のエアコンがフル稼働したために電力網に過大な負担が掛かり、停電が発生する。発電機では不足分を補いきれない。何万もの人がパニックになって近くの湖に飛び込み、身体を水中に沈めたものの、ほとんど何の意味もなさなかった。湖水が「沸騰寸前」だったのだ。今にも飛び出しそうな赤い目玉のついた頭が湖面に点在するが、その数はどんどん減っていく。インド北部の熱波では約二千万人が命を落とした——第一次世界大戦の死者数を一週間で上回る規模だ。『未来省』は読者に深い衝撃を与える第一章で幕を開ける。間違いなく続きが気になる導入部だ。

さて、ビル・マッキベンが書評[4]で述べているように、こうした熱波は短期的にはフィクションだ。まだ起きていないという意味では。しかし、似たようなことは「ほぼ間違いなく」起きる。気候科学に最も造詣の深い現代作家といえばロビンソンだろう。小説の筋書きは、二〇一七年に発表された研究論文[5]に基づいている。それによれば、これまで通りのやり方（ビジネス・アズ・ユージュアル）を今世紀いっぱい続けれれば、インド亜大陸ではラクナウからスリランカまで、まさにこのような耐え難い状況が発生する。暑さと湿度の複合指標である湿球温度が三十五℃を超えると、人間の身体は自力で熱を冷やすことができなくなる。熱交換のメカニズムがおかしくなるために、日陰にいる最も壮健な人ですら、数時間で死に至るのだ。したがって、この閾値を超えた強烈な熱波は大量死をもたらす。これより前に刊行された論文では、ペルシャ湾にこのような運命が待ち受けていることが示されていたが、その後の研究では、北中国平原でも同様の結果が得られた。この三地域では、近年、熱波の激化が観測されており、三十五℃にどんどん迫っている。そして、『未来省』が出版された五ヵ月後には、さらに別の研究が、地球の平均気温が一・五℃を超えて上昇すると、危険なレベルを超える熱波が熱帯地方に押し寄せるという結論を示した。ガーディアン紙は、このニュースを忠実に報道した。「地球温暖化が熱帯地域を人間の居住限界地域へと押しやる」と題された記事は、メーガンとヘンリー王子の最新動向を伝える記事のすぐ下の枠に〔重要度の低い扱いで〕掲載されていた。

熱帯地域とは、メキシコ、リビア、インドを通る北側の線と、ブラジル、マダガスカル、オーストラリアを通る南側の線との間にあって、地球を一周する帯状の地域のことであり、人類の約四割が住んでいる。この一帯が人間の居住限界地域に近づきつつあるのだ。たとえわずかであれ健全さが残っている社会であれば、このニュースは「アメリカはもちろん、世界中のすべての街灯や標識に貼られる」はずだが、実際の社会ではほとんどだれも気にかけていないようだ。ツェトキン・コレクティヴと私は、近著『白い皮膚、黒い燃料——化石ファシズムの危険性』で、有色人種の苦しみへの冷酷な無関心こそが、これまで通りのやり方の正当に評価されざる土台なのだと論じた。この無関心は時に露骨に表現される。たとえば、テレグラフ紙のコラムニストで経済学者のアンドリュー・リリコは、気候破壊への対処法は緩和ではなく適応であると主張した上で、こう本音を漏らしている。「熱帯地方が四℃〔の気温上昇〕に適応すると、あらかた無人の荒れ地になるだろう。それが選択肢でも構わないのではないか?」[12]。これまで通りのやり方を維持するのにふさわしい代償とは、西ヨーロッパとニューイングランドからの全面避難である、と考えるようなブルジョア経済学者兼ジャーナリストの姿はにわかに想像しがたい。また、こうした地域が近いうちに居住不能になるという報道が、英国王室の最新ゴシップの下に分類されるようなこともないだろう(あるいはそうなるのだろうか。もちろん、断言はできない)。そしてグローバルノースが、焦熱地獄と化した熱帯から救出すべき何百万人、いや何十億人の受け入れ準備をしているようにも見えない。だれもそんなことを気にかけてはいないのだ。

最もリスクが高いのは、スラムに住み、屋外や換気の悪い建物内で働く人びと、つまり、グローバルサウスの労働者階級だ[13]。ただし、かれらには、恐ろしく危険な熱波にさらされる運命からまだ逃れうる可能性がある。最新の研究によると、平均気温上昇を一・五℃以下に抑えることができれば、熱帯地方での最悪の殺人熱波の発生は避けられるだろう。しかし一方で、世界気象機関(WMO)は、二〇二四年のひと月ないし数ヵ月前にこの限界が突破されるかもしれないと考える[14]。つまり、ほぼ確実に起こりうるのだ。

しかし、こうした自然科学のモデルにも温度計にも表れていないのは、人びとの抵抗である。

ロビンソンが二〇二五年のインド北部に舞台を設定した出来事の後では驚くべきことが起こる。反撃が始まるのだ。深く傷つき、怒りを爆発させたインドの若者たちは「カーリーの童子」という運動を立ち上げる（カーリーはヒンドゥー教の死の女神）。かれらは化石燃料の燃焼を直ちに停止させると宣言し、実際にやってのける。運動を構成する細胞は扇状に展開し、化石燃料のインフラや機械を攻撃する。「多数の発電所が世界中で、多くの場合、ドローン攻撃で破壊されていった」。プライベートジェットや豪華ヨット、ディーゼルを燃料とするコンテナ船は「どこからともなくやってくる魚雷」によって破壊される。さらなる気候変動が起こると、カーリーの童子は国境を越えた運動へと変貌し、これを模倣したアクションが世界中――特に「北」の資本主義の中心地――に広がっていき、さらに小説の題名となっている国連機関「未来省」の地下組織によって増幅される。「おそらく石炭火力発電所の一部でトラブルが発生しています」と、地下組織の責任者は上司に小声で報告する。「発電所は動作の停止を余儀なくされています。投資家連中はあれを見て、石炭火力が再び投資先になることはもう決してないと悟ったことでしょう。ある意味では成功と言えますね」。しかし、その動きは財物破壊に留まらなかった。カーリーの童子は化石燃料企業の幹部を暗殺する。奢侈的排出を垂れ流し続けて止めないという理由で超富裕層を殺害する――「あいつらが私たちを殺した。だから私たちがあいつらを殺す」――その一方で、罪のない一般市民を傷つけないように努める。

『未来省』という作品で描かれているのは、ディストピアというよりはむしろユートピアだ。

六百頁に及ぶ本編を通して、人類は化石燃料の使用停止をなんとか実現し、化石燃料がすでにもたらした被害からの回復をはかり、居住可能な気候を取り戻すことに着手する（さらに地球の大部分を再緑化する）。この想像上の移行で推進力となるのが戦闘的な抵抗だ。あるレビュアーが指摘しているように、そうした抵抗は「数ある戦略のひとつではなく、他のあらゆる戦略を可能にする戦略だ。」

これこそがこの本の最も勇ましく大胆な側面である――それを否定してしまっては、ロビンソンの楽観主義の核心を否定することになる。［中略］この小説は、権力者たちの心に死の恐怖を植え付けた後でなければ、カーボンオフセット通貨のような一見合理的に見える代物の検討すら始まらないことを明確に示している。もしも現実の世界が本書のようになっていくのなら――つまり、私たちの子どもたちのそのまた子どもたちに希望というものがあるのだとしたら――、それをもたらすのは、私たちが戦争のさなかにいることを自覚し、そのように行動し始める人びとだろう。[15]

この予測は実際とても過酷なものだ。ロビンソン自身もまったく同意見というわけではない。カーリーの童子を生み出した小説家はこう予測する。

こうした問題に直ちに取り組まなければ、十年後には、ほんとうに大きな被害が生じて、人びとの怒りは巨大なものとなり、暴力が起こるでしょうね。[16]

暴力とは、どのようなタイプのものであるべきか。ロビンソンは――ここでは想像力豊かな小説家ではなく、政治評論家として――「サボタージュ」を承認する。「それが人間ではなく財物を破壊するものであるなら、もちろんです。しかし、人間に対する暴力は？　認められません[17]」。ロビンソンは、サボタージュが「実際には大した成果を上げない、怒りにかられた暴力の痙攣」ではなく「標的を絞った、非対称的でスマートかつ効果的な」ものであることを期待する。

まさしく同様の暗い希望――幻滅した現実主義と期待を抱く楽観主義の振れ幅のどこかにある立場――こそ、私が『パイプライン爆破法』で保持しているものだ。だが、私は問題をもっとロビンソンのように組み立てるべきだったかもしれない。反撃などしていないのに何百万人もの人間が殺されるわけがないなどということを前提にしてしまうならば、恐ろしく危険な熱波が生じてしまうのと同じくらい確実なものとして、暴力が生じると書くべきだったかもしれない。来るべきカーリーの童子を含めた、気候運動にとっての問いとは、いかにしてこうした暴力に方向性を与え、政治的な目的を与え、必要な統制を課すのかなのだ。ここにもう一つ問いが加わる。その反撃はいつ始まるのか、という問いである。二千万人が死ぬのを待たなければならないのか？　それとも、後ではなく今すぐに始めるべきなのか？　昨年実際に起きた出来事が、その考察の材料となるかもしれない。

BLMの教訓

ジョージ・フロイド氏が殺された三日後、ミネアポリスの群衆は市警第三分署を襲撃した。〔フロイド氏を窒息死させた警官〕デレク・ショーヴィンの同僚たちは混乱して逃げ出した。「焼き払え！」の声がかかるなかで、群衆は警察署に立ち入ると、火炎瓶や可燃物を手にして、建物を全焼させた。[18]フロイド氏の死から警察署全壊までの三日間、ミネアポリスを財物破壊の嵐が襲った。窓ガラスの破損、建物への落書、会社への放火、店舗の略奪などが千五百カ所以上で発生したのである。[19]

しかし、ヴィッキー・オスタヴァイルが論じているように、「すべてを変えた」のは第三分署の制圧だった。[20]デモ隊は「何百万人もの人びとに対して、自分たちが警察に勝てることを示した。多くの人びとにとって、この制圧」は、警察という組織を覆っていた「全能性と無時間性、支配のベールをついに打ち破るものだったのである」。一種の麻痺状態が打ち破られた。警察はすべての人間の上に立つものでないことが明らかになった。死を生み出すこの機構は、民衆の影響力の及ばないところにあるのではないのである。アフリカ系アメリカ人への組織的な暴力は、避けがたい運命ではない――文字どおり、物理的に止めることができる。「警察は歴史の領域に戻された」のだ。

戦略的平和主義——『パイプライン爆破法』で私が主に分析対象としている——の理論によると、社会運動は暴力的な戦術に関与したとたんに、訴えかけるべき聴衆にそっぽを向かれ、尊敬と支持を失い、無力な傍流へと追いやられてしまうことになる。昨年〔二〇二〇年〕の初夏には真逆のことが起こった。ミネアポリスで起きた初期の反乱は、かつてない規模の反人種差別蜂起の呼び水となった。五月二十六日から七月三日までの六週間に行われた集会への参加者数は、千五百万人から二千六百万人とされる——アメリカ史上最大の社会運動となったのだ（比較してみよう。二〇一九年九月に頂点に達した気候ストライキの動員数は全世界で約六百万人だった）[22]。よく知られているように、二〇二〇年の夏に行われた黒人の生命を擁護するデモはその大部分が平和的なものだった。しかし、ミネアポリスからポートランドを経てケノーシャまで、事態が一触即発となった地域では、直接対決の要素が強かった。デモ隊は実際に警察と戦い、財物を破壊している（保険金支払額は十–二十億ドルにのぼり、こうした損壊によるものとしては米国史上最高額となった）[23]。そしてもちろん、最初に起きた第三分署の制圧に至る過程では、レーザーや花火、石、火炎瓶などの投擲物が用いられた[24]。まさに暴動だったのである。

論点をおさらいしておきたい。下からの対抗暴力がジョージ・フロイド蜂起と切っても切り離せないものであることは誰にも否定できないだろう。この対抗暴力がミネアポリスで爆発したとき、それは、戦略的平和主義者が期待するように、人びとを恐怖で震え上がらせるものではなかった――むしろ、殺人警官たちを圧倒したという事実によって、かつてないほどの人びとをその大義に結集させたのである。それ以前の米国では、当然かつ不可避の事実と見なされ、人びとがしばしば絶望して諦めていたことが、行動次第でどうにかなるレベルの事柄へと引きずり落とされた。そして、それが一つの制度に対して起こったとき、それにまつわるすべてが変わる。戦略的平和主義は、好戦的なグループが平和的な多数派と生産的な弁証法を通じて活動することはありえないと説く。しかし、フロイド蜂起はこの主張を退ける。弁証法は存在していた。緊張や摩擦がないということではなく――そのあるなしそのものが議論になることはおよそありえない――、全国的にうねりを増す騒乱として存在していたのである。穏やかな追悼集会や静かなデモ行進に止まっていたら、BLM（ブラック・ライヴズ・マター）運動はもっと大きな成果を獲得できたかもしれないなどという主張を、説得的に展開することはおよそ不可能だろう。戦略的平和主義は説く。戦闘的なやり方と大衆の組み合わせはうまく行くわけがないし、勝利などありえない、と。そうした主張への反論として、この警察署制圧のエピソードよりも明晰なものなどあるだろうか？

気候運動はここからどのような教訓を引き出せるだろう？　ジョージ・フロイド殺害事件のような出来事はまずありえない。ウッタル・プラデーシュ州の農民やメキシコのオアハカ州の建設労働者が、ある化石燃料企業の重役によって窒息死させられる様子が〈フロイド氏が殺された時のように〕八分間の動画に収められるようなことはないだろう。化石資本の暴力は、直接的に人から人に、一つの身体が別の身体に覆い被さるようにして行使されるものではない。それは大気を介して行使される。燃焼された炭素で飽和した空から襲ってくるのだ。しかし、やはりこれも暴力の一形態だ――組織的な人命(ライヴス)の破壊(ちなみに、対象となるのはまずもって有色人種の人命)であり、その目的は利益の獲得にある。デレク・ショーヴィンにジョージ・フロイド氏の生命を奪う意図があったことは明らかだ。化石燃料企業の重役は金を儲けることで頭が一杯で、気候への影響は眼中にない。しかし、その金儲けが実際に多くの人びとを殺害していることが誰の目にも明らかになると、殺害の意図はないというような主張は通らなくなり始める。それ以降、大量の犠牲者は、イデオロギー的かつ心理的に処理され、事実上容認された蓄積の産物だ。化石燃料企業の活動を、暴力――構造的かつ恒常的で、増加の一途をたどる暴力――に分類すべきと論じることは困難ではない。[25] とはいえ、その主張は机上の推論に基づくものであり、フロイド氏の動画を観た人が抱くような直感に基づいてはいない。ここに一つの問題があるように思われる。化石資本は、ミネアポリスを覆ったような抑えきれない怒りを呼び起こすことがあるだろうか? 化石燃料の大規模な燃焼という暴力は、暴力として見なされるようになるのだろうか? それとも、人間の知覚の限界によって永遠に視界の外に置かれてしまうのだろうか?

キム・スタンリー・ロビンソンには答えがある。複数のジェノサイドに匹敵する規模の破局的な熱波が起きれば、もはや疑いの余地はない。プライベートジェットによる飛行という行為そのものが、広く殺人行為と見なされるようになる。二〇二一年初頭には、今はまだ統計報データ[26]でしかない事柄——人類の最上位一%の富裕層の排出量は下位五十%の貧困層の排出量の二倍である——が、そこでは一般常識になっている。最も多くを所有する者たちが、その消費スタイルそのものによって、持たざる人びとを死に至らしめているのだ。かれらの不幸には原因がある。しかし、『未来省』の第一章で描かれたレベルにまで事態が悪化するより前に、それよりも小規模な災害には事欠かなくなるだろう。山火事、ハリケーン、洪水、干ばつ、高潮、氷河湖決壊洪水など、犠牲者がおそらく数千人に達するようなものだ。こうした出来事のすべてが、気候闘争における「ミネアポリス・モーメント」となる可能性を持つことになるだろう。

今のところ、化石燃料インフラは、災害がこのような上昇曲線を描くなかでも拡大基調を維持すると予想される。北極圏での天然ガス採掘拡大を目論むフランスのトタル社、[27]天然ガスの採掘量の削減ではなく拡大に乗り出そうとするオランダのシェル社、[28]ヒースロー空港の第三滑走路建設工事、[29]化石燃料採掘に何兆ドルも注ぎ込む銀行[30]などその徴候は枚挙に遑がない。ある時点で、こうしてなされる暴力の巨大さが人びとに理解されるだろう。そうなるのは、悪名高いプロジェクトが気候変動の被害による衝撃的な光景と重なったときかもしれない。小説家級の想像力がなくてもこうした展開はイメージできる。実際、密接な連関がすでにある。オーストラリアは、火事や洪水に見舞われる一方で、石炭[31]と天然ガス[32]のさらなる生産拡大という階級的利害によっていまだに支配されているのである。

次にオーストラリアが大火や大洪水に見舞われたとき、一部の活動家が石炭関連施設の外でデモを呼びかけ、群衆が警備員と小競り合いの後に、この施設を襲撃して完全に破壊したとしたらどうだろう？　こうしたことが起きれば、気候危機を取り巻く麻痺状態の打破に一役買わないだろうか？　人命の喪失、家屋の炎上や水没、それらはどうにもならない運命などではなく、投資に関する継続的な決定の産物なのだ――その決定が完全にひっくり返されない限り、すべてが一掃されるまで損失は止まない――というメッセージを伝えることができるかもしれない。それによって化石燃料を歴史の領域に戻せるかもしれない。あるいは、フランス大統領がトタル社への新たな資金援助に署名した直後に、ハリケーンが〔カリブ海のフランス海外県〕マルティニークやグアドループを襲い、トタル本社へのデモ行進を呼びかける動きがあったらどうだろうか……。

気候をめぐる怒りの爆発は早く起こるに越したことはない。そのためには、グローバルノースの気候運動は二つのことを学ばなければならない。一つ目は、鉄を熱いうちに打つこと――事前に予定された金曜日や「行動日」、国連のサミットにタイミングを合わせるだけでなく、災害が発生し、化石燃料の暴力が視覚化されたときに攻撃するのだ。第二に、怒りを表現すること。運動は過度に臆病であることを止めなければならない。アリス・スウィフトが指摘するように、「〔気候運動には〕非暴力への厳格なアプローチが支配的な」状況が見られる。[33] とくに二〇一八―一九年にかけてのXRが主催する行動がそうであり、財物破壊のような直接対決の戦術は絶対的なタブーとされている。これが今、変わり始めている。XRは、化石燃料採掘に融資する銀行の窓をたたき割るキャンペーンに着手しているようだ。[34]「戦術のエスカレーション」[35]と銘打たれたこのキャンペーンは、XRによる妨害型のアクションの矛先を、都市生活全般から死をもたらす蓄積の源へと転換させるものだ。これには諸手を挙げて歓迎するしかない。これまでのところ、個人の小さな集まりによって行われているようだが、「小さなグループは、後に大衆行動の基礎となる戦術を実験することができる」[36]。いったんタブーが破られれば、銀行の店先に形成された正しく激怒する群衆は、何をなすべきかをわきまえることだろう。

タブーを破った後の課題は、当然ながら、別のタブーを擁護することだ。人命を奪わないこと。ここにもBLMの教えがある。BLM運動のラディカル派は賢明さを備え、警官を暗殺したり、市警本部に自爆者を送ったりはしなかった。世論調査では、アメリカ人の過半数が第三分署の襲撃を支持した。[37]しかし、もしそうした形の暴力が振るわれれば、大衆の支持はただちに蒸発してしまうだろう。初期のBLMの群衆の暴力は爆発的なものになるしかなかったとはいえ、集団的な自己規律に従っていた（なにしろ米国には想像を越えるほど大量の銃器がある）。過去の多くの事例からわかるように、暴力は実際のところ、「制御不能」（ここでは、流血の復讐にひとりでに変わってしまうという意味）[38]ではない。暴力とはリスクを伴った企てだ。そして時に、そこで問題とされている価値観が、リスクを取ることを正当化するのである。

したがって、財物破壊はイエス。しかし、人間への暴力にはノー。これが『パイプライン爆破法』で示された立場だ。ジョン・モリニューは、この本が小集団によるサボタージュのみを提唱しているとするが、それは誤読だ。[39] 争いの激化から生じる「自然発生的な街頭暴力」を、変革の典型的な――顕著なものではないにしても――特徴として強調することは正しい。しかし、当の運動の指導部が、そのような行動は望ましくなく、非生産的だとして排除する戦略綱領を徹底すれば、そうした行動は起こりにくくなる。これは、米国の街頭では「平和警察」と呼ばれる――その動きは二〇二〇年五月下旬に大きく弱体化した。それはグローバルノースの気候運動においてこれまでほぼ例外なく君臨してもきた。私はこの本を通して、戦術の大幅な拡大にかんする議論を喚起しようと試みた――もちろん、サボタージュ部隊も戦術の一つであってよい。財物破壊はそのときの盛り上がりでなされることもあれば、前もって計画されることもある。BLMの活動家たちは銅像に向かってデモを掛け、鎖やロープ、ハンマーでそれを倒した。これは明らかに計画されたものだ。大衆の行動は、遺伝子に組み込まれていたり、心理的に仕向けられたりしているものではない。現場の活動家たちが何をどうやるかによって決まってくる。『パイプライン爆破法』で私が主張しているのは、気候運動もまた道具を手に取って、暴力の土台をなすものに目を向けるべき時が来たということなのである。

弾圧の問題

「運動の爆破法」と題された憤懣やるかたない調子の書評で、ジェームズ・ウィルトは私を「おとり捜査」をしていると非難する。[40] うぶな活動家を引き寄せ、刑務所行きになるような犯罪を行わせることで、「監獄国家の仕事を代行している」と考えているのだ。また三カ所にわたって、私が弾圧の問題に一言も触れていないとも主張している。しかしそれは誤りだ。本書一四八－一五〇頁を開き、読み進めてもらえばわかる。[41] もちろん、私はこの問題にも、また戦闘的な闘争が抱える複数の問題についても、もっと論じてもよかったかもしれないが、紙幅の関係ですべてを概括的にしか論じていない。私は保釈金や逮捕回避術、法的資源、被逮捕者の救援対策や獄中支援などを詳しく取り上げていない。そこはウィルトの言うとおりだ。ただそれは、ハンマーの振り下ろし方や実際のパイプライン爆破法を細かく扱っていないことと変わらない。洞察力のある評者なら誰でも気づくことだが、この本で行った定式化は原則のレベルでなされている。ウィルトには独自の見方があるようだ。かれのテキストの要点は、弾圧の激化は戦術のエスカレーションの結果として予見できる以上、そのような戦術は推進すべきではないというものである。

カナダの活動家にはすでに重刑攻撃が加えられている。ウィルトは、パイプラインのルート予定地域で、先住民が聖なるパイプを用いた儀礼を平和的に行った廉で、懲役三ヵ月が宣告された例を挙げている。[42] また、自分が参加した封鎖行動によって、同志たちとともに数万ドルの訴訟費用を負担しなければならず、「私たちの銀行口座は空っぽになった」と述べている。ウィルトがそうした例を引き合いに出すのは、「闘争はどのようなものであってもきわめて高いリスクがあることに注意を促す」ためだ。抗議行動を強めていけば——たとえば、デモの隊列でドラムを叩くところから、実際にパイプラインにダメージを与えるところに進んでいけば——、必然的にリスクをさらに高めることになるので、そうした行動は、責任感を持った運動仲間なら支持できるようなものではない、というわけだ。私がどうして弾圧をそこまで軽視できるというのか？ウィルトは、私が『パイプライン爆破法』で述べている行為が、単に「タイヤの空気を抜いて、フェンスをいくつか倒す」だけのものだからに違いないと考えている。ウィルトは本書を、私の活動を網羅した自叙伝として読んでいるようだ。それは違うと断言できる。気候運動での個人的な経験にいくつか材を取ったことは、最善手ではなかったのかもしれない。だが、私がそうしたのは、テキストを生き生きとしたものにして、どのような軌跡がありうるのかを——COP1での完全に平和的な市民的不服従（一九九五年）から、高級住宅街でのSUV空気抜きアクション（二〇〇七年）、石炭火力発電所への乱入（二〇一六年）、そしてその先へと——描くためだった。さて、この問題に対する私の一般的な見解を明らかにするために、個人的な経験をもう一つ紹介しておきたい。

私は自分の形成期にあたる八年間をパレスチナ連帯にどっぷり漬かって過ごしている。第二次インティファーダ〔二〇〇〇年〕に至る時期を経て、〔二〇〇一年に設立された〕国際連帯運動（ISM）の活動家兼オーガナイザーをしていたのだ。たしかにずいぶん前のことだが、ISMの活動がピークに達した二〇〇二－〇四年という時期は、今とは異なる政治的時代に属するほど遠くもない。ISMは、グローバルノースにおける今日の気候運動と比較するのに適した運動であり、そこには似たような層が集まってくる傾向が見られる。若者、多くは学生で、たいてい左翼だ。[43] レイチェル・コリーは、私たち活動家のなかで初めて殺害された人物だ。[44] 二〇〇三年三月十六日、ガザ地区のラファでパレスチナ人の住居を守ろうとして、イスラエル軍の兵士に装甲を施したブルドーザーでひき殺されたのである。現場にいたISMの活動家たちは、これは殺人だと断定した。それから私たちは、ヨルダン川西岸地区とガザ地区にかつてないほど足繁く通った。米国、英国、フランス、スウェーデンのISM支部――この四ヵ国が当時最も多くのボランティアを派遣していた――は、動員にいっそう力を入れ、さらに多くの人びとを前線に送り出した。そのうち何十人もが負傷し、トム・ハーンダルは〔二〇〇四年一月十三日に〕イスラエル軍の狙撃兵に意図的に狙われ、命を落とした。言うまでもなく、こうした被害は、パレスチナ人が一世紀以上にわたって自由を手に入れようとしてきたこととは比ぶべくもない。私たち欧米人には、市民権をもつ安全な国に帰るという特権がつねにあった。しかし、それでも私たちは、懲役三ヵ月や自分の銀行口座が空っぽになる以上のリスクを覚悟していた。なぜか？「北」出身のパレスチナ連帯運動の活動家たちが命や四肢を失う覚悟を決める一方で、同じ「北」の気候運動の活動家たちが投獄のリスクに身をさらすべきだと提案することが無責任極まりないと考える人たちがいるのは、いったいどういう理由からなのだろうか？

思い浮かぶ説明はたった一つだ。パレスチナの大義が気候正義よりも本質的に重要だということではない。私たちはいまだに気候を生死にかかわる問題として捉えていないということなのだ。轟音で迫り来るブルドーザーを目前にすれば、あるいは現地の若者たちと身を潜めた路地をスナイパーの銃弾が通過する音を聞けば、生命そのものが危険にさらされていることがたちどころに本能的に感じられる。しかし、気候に関しては、そのような感覚が——少なくともグローバルノースの多くの地域では——まだ欠けているのだ。「これもまた人種差別やグローバルサウスへの侮蔑の現れだったのか。そうだ。しかしそれはまた普遍的な認知のゆがみの現れでもあった。人びとは破局が我が身に降りかかるまで、そうなることなど想像してもみなかったのだ」と、ロビンソンは『未来省』で記す。「だから、気候が実際に自分たちを殺すことになるまで、人びとはそんなことは起こるはずがないと考えてしまいがちだった。他人の身には起こっても、自分の身には起こるはずがないのだと」。ここでもロビンソンは、この苦境を打開するためにある種の解決策を考え出している。ウッタル・プラデーシュ州の光景を目の当たりにしたフランクは激しく先鋭化し、カーリーの童子に参加しようとするが、インド人幹部にその申し出を拒まれる。それからフランクは、ヨーロッパの豊かな中心部に向かい、そこで独自のきわめて危険な活動に取り組む。これはロビンソンの文学的な奇想だ。来るべき大量死によって、戦闘的な闘争へのためらいは、スイスの渓谷の氷河のように溶けてしまうというのだから。しかし、気候運動の任務は、こうした出来事の先を行くことでなければならない――気候が、現実にそうであるように生死にかかわる問題なのだと考え、それについて行動することだ。できれば二千万人が死んでしまう前に。私たちがなすべきは、地球温暖化に暴力を見ようとしない態度を拒み、それと闘うことなのである。

ウィルトは、カナダなどに住む活動家が、歴史的にも特異な過酷な弾圧を受けているかのように語る。そうした見方を裏付けるような証拠を私は見つけることができない。しかし他方で、気候崩壊が人類史上最悪の危機であるという見解を裏付ける証拠なら、すぐに山ほど出てくる。さて、弾圧は過酷さを極め、目下の危機の原因に対する私たちの闘争を中断せざるを得ないほどだとするなら、それは未曾有のレベルに明らかに相当する――あるいは、それを上回る――ものでなければならないだろう。一五一四年、ハンガリーでは農民反乱が鎮圧された。[45] 捕らえられた指導者のドージャ・ジェルジは、鉄製の玉座に縛り付けられると、徐々に熱せられ、生きたままあぶり焼かれて殺された末に、食物として投獄されていた部下たちに出されたのだ。長らく食物を与えられておらず飢えていたので、かれらは指導者の肉を口にするしかなく――拒否した者は即座に殺された――、ドージャの遺体は最終的に跡形もなくなった。近い将来、カナダのブリティッシュ・コロンビア州でこのような光景が繰り広げられるとは思えない。一方で、一五一四年には、化石資本が現在推し進めているような地球破壊に直面している人などいなかった。もちろん、ドージャは際立った例外であって、歴史上のほぼすべての時代に存在する、はるかに多くの「あらゆる闘いがもつきわめて危険なリスク」に注目してもらうために引き合いに出したものだ。しかし、そこまで極端な話をするまでもない。エジプトやイランの同志たち（私が個人的にかかわりのある二例を挙げるにとどめる）への弾圧は、グローバルノースのどの気候活動家が現在直面しているものよりもはるかに過酷だ。繰り返しになるが、弾圧の度合いに差があるからといって、私たちの気候をめぐる闘争の重要度が相対的に低いというわけではない、というのが私の考えだ。むしろ弾圧における違いは、私たちの運動の重要性を私たち自身が完全なかたちで見たり感じたりできていないことの表れなのではないだろうか（もちろん弾圧の過酷さは、現実の監獄国家がどこにあるかを示してもいるが、そのことは別にする）。

　社会運動がきわめて巧妙に確立された利益に立ち向かうとき、弾圧との闘いを避けることは絶対にできない。ウィルトの提言は、気候運動は敵の猛攻を受けない安全な場所に至る道を歩むべきだというものだ。これはむしろ、相手の利益を決して脅かさないという保証を敵に与えているようなものではないだろうか。もしこの原則がＢＬＭに適用されるとしたら、実際この運動は、ウィルトが正しく指摘しているように、国家の抑圧装置の攻撃を招いているので——二〇二〇年六月までに一万人以上が逮捕され[46]、警棒が降り注ぎ、ゴム弾が飛び交った——、この運動などそもそも始めるべきではなかったと後悔することになるだろう。同じことが〔フランスで二〇一八年十一月に始まった〕黄色いベスト（ジレ・ジョーヌ）運動にも言える。警察の発砲で失明をした人や、手を切断した人が出ている[47]。そして、その他のあらゆる秩序転覆的な強さを備えた運動についても同様だ。ウィルトは、気候運動のアクションがエスカレートすれば、機動隊が家のドアを蹴破って踏み込んできたり、戦車が街頭を走り回ったりするのではないかと恐れている。確かに、昨夏〔二〇二〇年〕の米国のように、社会における敵対性が表面化するときには、そうしたことが起こりがちだ。私に言わせれば、むしろ、気候闘争が——あらゆる闘争のなかでも——例外となって、苛烈な弾圧と闘わずして成功を収めるという幻想を広めるほうが無責任だ。パレスチナ人ならどう思うだろうか？[48] あなたが取り組む問題がそこまで深刻であるわけがないか、あなたには明らかに勇気が欠けているかのどちらかである、ということになるだろう。

パンデミックが救済をもたらす？

「運動にはできないことがパンデミックにはできる」と題したテキスト[49]で、アルフ・ホーンボリは、「私たちの化石燃料依存を麻痺させるだけの効果をもたらす化石燃料インフラへの攻撃は、超富裕層（スーパーリッチ）の奢侈的消費と、経済的な回復力が最も低い層の生存上のニーズとを区別できないのではないか」と懸念する。そして「このようなサボタージュは、気候正義を求める闘争とは道徳的に相容れないものである」とする。こうした懸念は、もし私や他の誰かが、インフラ全体を麻痺させるサボタージュを呼びかけていたのなら正当なものだ。しかし、私はそのような夢物語を明確に退けている（本書九〇頁参照）。私が主張しているのは、財物破壊が、〔化石燃料から再生可能エネルギーへの〕移行を進め、国家に経済活動からの化石燃料の排除を行わせる上で不可欠と思われる、騒然とした状況をもたらす一つの要素になりうるだろうということだ〔国家をめぐる問いについては、批判への第二の回答〔本訳書出版時点では公開されていない〕で触れる予定である〕。サボタージュとは、R・H・ロッシンがうまく表現しているように、「予示的な没収」[50]にはなり得る――しかし、大規模で包括的かつ秩序立った没収にはなりえない。最も優れている場合には、それを早めることはできるだろう。さて、仮に気候活動家がサボタージュをやろうと考えたとしよう。次の二つの指針が、最も回復力の低い層に打撃を与えず、したがってホーンボリの懸念を払拭してくれる。一つ目は、建設中のインフラを対象とすること――つまり、人の生存がそこに接続されうる前のものを対象とすること。二つ目は、すでに使用されている装置を狙うのであれば、超富裕層のものを選ぶこと。アドリア海でスーパーヨットが一隻沈んだところで、ケニアの牧畜民に被害はない。エネルギー消費における不平等のギャップは、間違いなくサボタージュが一方の人びとだけを対象にできるほどにまで広がっている。ホーンボリは二つ目の懸念――「エコサボタージュの呼びかけもまた、気候運動の正当性を高めることにはならないだろう」――を示すのだが、この運動には必要な正当性はすでに完全に備わっている。欠けているのは打撃力だ。しかし、ここでホーンボリは別の提案をする。

人間活動の組織的な表現という意味では、気候運動であれその他の社会運動であれ、たいしたことはできないのではないかとホーンボリは考えているようだ。かれは効果的な行動の可能性を見出すことができない。

一方、新型コロナウイルスは、グローバル経済の運行に深刻な障害を与えるものには何であれ——パンデミックでも、金融崩壊でも、自然災害でも——、気候黙示録(アポカリプス)を効果的に回避する可能性があることを教えてくれた。気候活動家や脱成長論者は、パンデミックに対する現在のグローバルな対応は、自分たちの視点からすれば歓迎できる方向には動いていないと主張する。しかし、みずからのビジョンを実現できるのは、このような状況だけかもしれないという可能性を真剣に考える必要があるだろう。現時点では、ポスト炭素の未来への見通しはまだ先にあるように思われるが、パンデミックが何を実現するのかについては、その終わりはまだ見えないのである。[51]

さて、正義の観点からサボタージュを否定するという前提に立つ議論として、これは少し奇妙に思える。活動家が運動の過程で重大なミスを犯せば、最も脆弱な人びとの利益を損なうかもしれない。しかし、パンデミックや、それと似たような出来事が起きれば、最も脆弱な人びとを最もひどく苦しめることになるだろう。災害が階級社会で発生すればそうなるのが常だからだ。気候運動がパンデミックの悪化に乗じたとしても、正義という点では——その正当性へのプラスの効果は言うまでもなく——、ほとんど何も得られないだろう。

さらに、よく考えてみると、今回のパンデミックは何も達成できていない。二〇二〇年にパンデミックが発生したことで、世界のCO_2排出量は七%減少した。二〇〇八年の金融恐慌のときと同様に、年々着実に増加していたものが一時的に中断したのだ。二〇〇八年以降、排出量はすぐに回復した。Covid-19が沈静化すれば、同じようなことがまず間違いなく起こるだろう。これまで通り（ビジネス・アズ・ユージュアル）のやり方の再開を防ぐ唯一の方法は、力のバランスを崩し、必要な対策を講じることだ。最近、ある先進的な研究チームはこう述べていた。

> 気候目標の達成に必要な規模を確保するために、ポストCovid-19の行動には、脱炭素化を進めている国々では、二〇一六‐一九年と比較して十倍の排出削減を実現するとともに、世界中で化石燃料インフラへの大規模なダイベストメントを実施することが求められる。これまでの複数の危機の経験からすると、排出をもたらす根本要因は、すぐにではないにせよ、数年以内に復活する。したがって、世界のCO_2排出量の軌道を長期的に変化させるためには、その根本要因も変化させることが求められているのである。[52]

人間の行動がなければこれはとうてい実現不可能だ。ただし、そうでない道もあるかもしれない。仮に今回のパンデミックが人類を滅亡させることができれば、「気候黙示録」は回避できるかもしれない――ただし、それは生存者がきわめて少なく、意図的な政策の実施を必要とせずにリバウンドを防ぐことができる場合に限られる。同じことが途方もない「自然災害」への期待にも当てはまる。知ってのとおり、それは私たちが既成秩序に意識的に介入しなくても訪れる。私たちは座して待っていればでよいのである。

「抹消」について

人間の行動と主体――グローバルノースにおける労働組合の役割を含む――をめぐる問いについては、第二回目の回答で改めて取り上げる。[53] ここでは、サクシ・アラヴィンドが「パイプラインの記述法」と題したテキストで提示したいくつかの批判を簡単に取り上げるにとどめる。

アラヴィンドは、私の本のタイトルだけを見て、北米やオーストラリアの先住民闘争（本人の研究主題）について書かれていると期待したようだ。だが、この本はそうではない。そうではないからこそ、アラヴィンドは私が「入植者による植民地的抹消の再生産」に加担していると考えている。同様に、ウィルトは私が触れていないカナダの六つのファーストネイション（先住民）を挙げ、「世界各地の先住民や黒人が繰り広げている現実の闘争」を無視していると非難する。なるほど、先住民の闘争については、『パイプライン爆破法』でもっと多くの頁を割くべきだったのかもしれない。だが私がとった方法は、自分が訪れたことがあり、多少なりとも知っている場所――パレスチナ、エジプト、イラン、ナイジェリア、ドミニカ――について書くことだった。

私はカナダの先住民闘争についてきわめて表面的なことしか知らない。もちろん、このテーマについて文献を読むことはできただろう――おそらくそうすべきだったかもしれない。しかし、もしここで言われていることが、これらの特定のファーストネイションを前面に出さない気候闘争についての記述は、まさにそうでないからこそ植民地主義的で人種差別を漂わせるものであるということであるなら、それはいささか偏狭なものだと言わざるをえない。[54]

『パイプライン爆破法』では、私はグローバルノースでの気候運動について書いていることを隠そうとはしていないが、フェダイーンからウムコント・ウェ・シズウェまで、グローバルサウスでの事例を大きく取り上げることで、気候運動には戦術面での多様性が必要なのだと論じている。しかし、アラヴィンドは、ドイツのように炭鉱周辺に先住民が住んでいない国での気候変動闘争は重要ではないと考えているようだ（ウィルト同様、アラヴィンドは私の「地理的にスウェーデンに限定された逸話風の体験談」に軽蔑のまなざしをくれる――だが、〔本文で取り上げた〕ドイツはスウェーデンの一地方ではない。またアラヴィンドにしても、たまたまヨーロッパに住んでいる気候活動家に、飛行機に乗って北米先住民のキャンプにわざわざ行くべきだとはおそらく言わないだろう）。しかし、これでは気候正義の本質が見失われる。豊かな国が長い時間をかけて蓄積されたCO_2のほとんどを排出する一方で、貧しい国がその影響を受けている。これこそが不正義であり――階級や消費に応じて排出量を計算すれば、その大きさはさらに顕著になる――、気候運動はそれを正そうとしているのである。ボリビアやモザンビークの貧しい人びとは、ドイツの褐炭鉱がもたらしているのと同様の被害に苦しめられている。ドイツでは、最も汚染度の高い——不要そのものの——化石燃料が莫大な利益を下支えしている。こうした場所での闘争をさらに強力に展開する方策を考えるのは当然のことではないだろうか？　豊かな白人が維持する排出源に立ち向かうことは、いわば敵陣のただなかで一撃を食らわすことになるのではないだろうか？[55]　化石資本という歴史的現象は、とどのつまり英国で生じたものだ。私たちはその一部を『白い皮膚、黒い燃料』で扱っている。アラヴィンドやウィルトをはじめとして、私の書いたものが白人性や人種という要素に注意を払っていないと考えている人は、どうかこの本を読んでからそう言い続けてほしい。

オープンを閉じる

『未来省』が史上最も優れた空想気候小説（クライファイ）だと考える理由は複数ある。ついに、終末後の遠い未来ではなく、今まさに進行中の未来を舞台にした物語が誕生したのだ。そこで描かれているのは、カリフォルニアの砂漠化やイタリアの海面上昇ではなく、インドのような国々を襲う苦しみである。この作品は——驚くべきことに、初めて——化石燃料の燃焼をプロットに組み込んでいる。最も肝心なのは、抵抗への想像力をもたらす大きな空間を確保していることだ。このジャンルで最近話題になった小説には、アミタヴ・ゴーシュの『ガン島』[56]、リチャード・フラナガンの『白日夢の生きた海』[57]、ジェニー・オフィルの『天気』[58]などがあり、文学としての洗練度ではそちらに軍配があがるかもしれないが、それらはすべて、『未来省』で優れている論点のうち、一つあるいは複数の論点ではっきり失敗している（一番良くないのは『天気』だと思う）。『未来省』は、移行がどのように起こるかを――そして、もし起きれば、それがどれほど混乱し、乱れ、矛盾し、過剰決定されたプロセスになるかを――描いた作品である。抵抗はあらゆる進歩を可能にするが、それだけですべてを成し遂げることなどありえない（この点ではホーンボリの言うとおりだ）。舞台である二〇二五年には危機がさらに深まっているため、ネガティヴエミッション（大気中にすでに放出されたCO_2を回収する）技術や、ソーラー・ジオエンジニアリング（太陽光を宇宙に反射させて人為由来の気候変動の影響を抑制する技術。次に出てくる成層圏エアロゾル注入など）も必要になるだろう。しかし、話が込み入ってくるのはここからだ。

熱波に見舞われた後、インド政府はこれ以上の焼死者を防ぐため成層圏エアロゾル注入に着手する。この取り組みは、カーリーの童子の行動と並行して――ただし連携のないままに――展開される。二つともインド亜大陸の熱を奪うために必要なものだ。地球全体の気温が下がったのを受けて、インド政府はミッション達成を宣言する。エアロゾルを噴射していた飛行機群には着陸命令が出される。徐々に、気温は熱波が起きた時点の水準に戻っていく――だが、ここで一度だけ、ロビンソンは重大な科学的知見を見落としている。いったんスイッチを切ったら、徐々に再加熱が生じるというものではない。それはむしろ、最高加熱状態のオーブンの扉を開けるようなものなのだ。これが「ターミネション・ショック」と呼ばれる問題である。扉が閉まっているかぎり——〔化石燃料の燃焼による〕煤は大気に放出され続けているが——、オーブンの庫内〔＝覆われている大気〕に蓄積される熱は感じられない。しかしひとたびエアロゾル注入オペレーションが中止されると、たまっていた熱が一気に生物圏に放出され、オペレーションが始まる前の何倍もの速さ[59]で温暖化が引き起こされることになる。ほとんどの生態系[60]や種[61]は——ホモ・サピエンスも含めて——、とくにその間に排出量がこれまで通りに増加していけば、適応することができないだろう。〔小説では〕カーリーの童子こそがそうした事態を防ぐのである。

この点を踏まえたとき、今後の見通しは懸念でいっぱいだ。ソーラー・ジオエンジニアリングが開始されたとして、それに対する抵抗が起こらないとしたらどうなるだろう？　全米科学アカデミーは、研究と今後の利用[62]に道を開く報告書[63]を発表したところだ。そこには、組織化された戦闘的な抵抗については何も書かれていない。これこそ真にディストピア的なシナリオである。人類は、予測不能な速度で変化する別種の気候破局(カタストロフィ)への道を突き進むが、反撃は一切なされない。エアロゾルを載せた飛行機が離陸しようというのに、やはり反撃がまったく起きていないところを想像してみてほしい。それこそが反撃を促す最後の合図となるだろう。

私たちにはこのサインに応えないわけにはいかないのである。

注

1 Andreas Malm, *Corona, Climate, Chronic Emergency: War Communism in the Twenty-First Century* (London: Verso, 2020).

2 Kim Stanley Robinson, *The Ministry for the Future* (London: Orbit Books, 2020)〔キム・スタンレー・ロビンスン、瀬尾具実子訳『未来省』パーソナルメディア、二〇二三年〕。

3 Naomi Klein, *This Changes Everything: Capitalism vs. the Climate* (London: Penguin, 2014)〔ナオミ・クライン、幾島幸子・荒井雅子訳『これがすべてを変える——資本主義vs気候変動』岩波書店、二〇一七年〕。

4 Bill McKibben, 'It's Not Science Fiction', *New York Times Review*, 17 December 2020〔以降、オンラインリソースはすべて二〇二一年九月一日閲覧〕。

5 Eun-Soon Im, Jeremy S. Pal, and Elfatih A. B. Eltahir, 'Deadly Heat Waves Projected in the Densely Populated Agricultural Regions of South Asia', *Science Advances* 3, no. 8 (2017): e1603322.

6 Jeremy S. Pal and Elfatih A. B. Eltahir. 'Future Temperature in Southwest Asia Projected to Exceed a Threshold for Human Adaptability', *Nature Climate Change* 6, no. 2 (2016): 197-200.

7 Suchul Kang and Elfatih A. B. Eltahir. 'North China Plain Threatened by Deadly Heatwaves Due to Climate Change and Irrigation', *Nature Communications* 9, no. 1 (2018): 2894.

8 Zhang Yi, Isaac Held, and Stephan Fueglistaler. 'Projections of Tropical Heat Stress Constrained by Atmospheric Dynamics', *Nature Geoscience* 14, no. 3 (2021): 133-37.

9 Oliver Milman, 'Global heating pushes tropical regions towards limits of human livability', *Guardian*, 8 March 2021.

10 Saults, 'The Beginning & the End', videoclip, https://www.youtube.com/watch?v=ox4UVJ5NbvU&ab_channel=Sault-Topic.

11 Andress Malme and Zetkin Collective, *White Skin, Black Fuel: On the Danger of Fossil Fascism* (London: Verso, 2021).

12 〔訳注〕James S. Murray, 'Climate adaptation lobby is reckless, dangerous, and (partly) right', *businessgreen.com*, 1 April 2014; George Monbiot, 'Interstellar: magnificent film, insane fantasy', *Guardian*, 11 November 2014.

13 前例のない酷暑にさらされる恐れがあるのはどのような人びとなのかについて概説した最近の論文については次も参照。Chi Xu, Timothy A. Kohler, Timothy M. Lenton, Jens-Christian Svenning, and Marten Scheffer, 'Future of the Human Climate Niche', *Proceedings of the National Academy of Sciences* 117, no. 21 (2020): 11350-55.

14 Matt McGrath, 'Climate change: "Rising chance" of exceeding 1.5C global target', *BBC*, 9 July 2020.

15 Ian Maxton, 'The Ministry for the Future: by Kim Stanley Robinson', *Spectrum Culture*, 19 November 2020.

16 Vicki Robin and Kim Stanley Robinson, 'What Could Possibly Go Right?: Episode 32 Kim Stanley Robinson', resilience.org, 23 March 2021.

17 Jeff Goodell, 'What Will the World Look Like in 30 Years? Sci-fi Author Kim Stanley Robinson Takes Us There', *Rolling Stone*, 10 December 2020.

18 Farah Stockman, '"They Have Lost Control": Why Minneapolis Burned', *New York Times*, 3 July 2020.

19 Josh Penrod, C. J. Sinner and Mary Jo Webster, 'Buildings damaged in Minneapolis, St. Paul after riots', *Star Tribune*, 13 July 2020.

20 Vicky Osteil, 'Burning Down the 3rd Police Precinct Changed Everything', *Nation*, 12 June 2020.

21 Larry Buchanan, Quoctrung Bui and Jugal K. Patel, 'Black Lives Matter May Be the Largest Movement in U.S. History', *New York Times*, July 3, 2020.

22 Matthew Taylor, Jonathan Watts, and John Bartlett, 'Climate crisis: 6 million people join latest wave of global protests', Guardian, 27 Sep 2019.

23 Jennifer A. Kingson, 'Exclusive: $1 Billion-plus Riot Damage Is Most Expensive in Insurance History', axios.com, 16 September 2020.

24 'The Siege of the Third Precinct in Minneapolis: An Account and Analysis', crimethinc.com, 10 June 2020.

25 Eric Bonds, 'Upending Climate Violence Research: Fossil Fuel Corporations and the Structural Violence of Climate Change', *Human Ecology Review* 22, no. 2 (2016): 3-24.

26 'Confronting Carbon Inequality: Putting climate justice at the heart of the Covid-19 recovery', *Oxfam*, 21 September 2020.

27 Protect the Arctic from fossil gas drilling!', 350.org.

28 Jillian Ambrose, 'Shell to expand gas business despite pledge to speed up net zero carbon drive', *Guardian*, 11 February 2021.

29 Roger Harrabin, 'Heathrow wins court battle to build third runway', *BBC*, 16 December 2020.

30 Damian Carrington, 'Big banks' trillion-dollar finance for fossil fuels "shocking", says report', *Guardian*, 24 March 2021.

31 Ben Milington, 'Coal exports from Port of Newcastle strong despite China's ban on Australian coal', *ABC News*, 15 January 2021.

32 Adam Morton, 'Australia's proposed gas pipelines would generate emissions equivalent to 33 coal-fired power plants', *Guardian*, 2 February 2021.

33 Alice Swift, 'Tactics and Traditions in the British and German Climate Movements', verso.com, 27 January 2021.

34 Extinction Rebellion, 'Extinction Rebellion co-founder Dr Gail Bradbrook breaks window at Barclays Bank in act of civil disobedience', extinctionrebellion.uk, March 30 2021.

35 Matthew Taylor, 'Extinction Rebellion to step up campaign against banking system', *Guardian*, 5 Apr 2021.

36 'The Forest Occupation Movement in Germany: Tactics, Strategy, and Culture of Resistance', crimethlnc.com, 10 March 2021.

37 Matthew Impelli, '54 Percent of Americans Think Burning Down Minneapolis Police Precinct Was Justified

After George Floyd's Death', *Newsweek*, 3 June 2020.

38 Tatiana Schlossberg, 'Three Books Offer New Ways to Think About Environmental Disaster', *New York Times*, 22 January 2021.

39 John Molyneux, 'On Malm and Violence', globalecosocialistnetwork.net, 9 March 2021.

40 James Wit, 'How to blow up a movement: Andreas Malm's new book dreams of sabotage but ignores consequences', canadiandimension.com, 3 March 2021.

41 『パイプライン爆破法』をこう読み続けようとして、ウィルトは自縄自縛に陥っている。「マルムは、こうした行動が実際に個人や運動に影響を与えることを認めざるをえない。これは正確な評価であり、そのことと向き合う必要がある。しかし、当の本人は決してそれを認めないのだ」。明らかにこの発言は矛盾している。あることを認めると同時に、それを決して認めないことは不可能だ。

42 Anya Zoledziowski, 'Indigenous Land Defender Gets Jail Time After Performing Ceremony Near Trans Mountain Site', vice.com, March 3 2021.

43 ＩＳＭが組織した活動家は数千人で、二〇一九年の「未来のための金曜日」のように何百万人という規模ではなかった。しかし、パレスチナでのデモを受けて、当時のヨーロッパの主要都市の街頭にはかなり大勢の人びとが集まった。

44 Rachel Corrie, *Let Me Stand Alone: The Journals of Rachel Corrie* (New York: W.W. Norton, 2009).

45 Paul Freedman, *Images of the Medieval Peasant* (Stanford, Calif: Stanford University Press, 1999).

46 Michael Sainato, '"They set us up": US police arrested over 10,000 protesters, many non-violent', *Guardian*, 8 June 2020.

47 André Kapas, 'The Repression of France's Yellow Vests Has Left Hundreds in Jail — And Crushed Freedom of Protest', jacobinmag.com, 17 November 2020.

48 私は気候闘争のインスピレーションの源としてのパレスチナ抵抗運動について次で論じている。Andreas Malm, 'The Walls of the Tank: On Palestinian Resistance', salvage.zone, 1 May 2017; Andreas Malm, '"This

is the Hell that I have Heard of": Some Dialectical Images in Fossil Fuel Fiction', *Forum for Modern Language Studies* 53, no. 2 (2017): 121-141. また、この主題についてのさらにいくつかの考えを次で展開している。Andreas Malm, 'Warming', In *The Cambridge Companion to Literature and the Anthropocene*, edited by John Parham (Cambridge: Cambridge University Press, 2021): 242-257.

49 Alef Hornborg, 'A pandemic can do what a movement cannot', *Social Anthropology* 29 (2021): 210-212.

50 R. H. Lossin, 'On Sabotage', verso.com, 15 February 2021.

51 Hornborg, 'A Pandemic', p. 212.

52 Corinne Le Quéré, Glen P. Peters, Pierre Friedlingstein, et al., 'Fossil CO2 Emissions in the Post-Covid-19 Era'. *Nature Climate Change* 11, no. 3 (2021): 197-99.

53 Sakshi Aravind, 'How To Write About Pipelines', ppesydney.net, March 2 2021.

54 注48を参照。

55 アラヴィンドはガブリエル・クーン〔Gabriel Kuhn, 'Ecological Leninism: Friend or Foe?', kersplebedeb.com, 3 January 2021〕と同じように、〔先住民である〕スウェーデン・サーミに私が触れなかったことを非難している。しかし、スウェーデン・サーミは化石燃料をめぐる紛争には関わっていない。スウェーデンでは化石燃料採掘が行われていないからだ。言うまでもなく、私の本は採取主義（エクストラクティヴィズム）全般ではなく——鉄や銅、銀については論じずに——、化石燃料に絞って議論を行っている。

56 Amitav Ghosh, *Gun Island* (New York: Farrar, Straus and Giroux, 2019).

57 Richard Flanagan, *The Living Sea of Waking Dreams* (New York: Penguin, 2020).

58 Jenny Offill, *Weather* (New York: Knopf, 2020).

59 H. D. Matthews and Ken Caldeira, 'Transient-Climate Carbon Simulations of Planetary Geoengineering', *Proceedings of the National Academy of Sciences* 104, no. 24 (2007): 9949-54.

60 Andrew Ross and H Damon Matthews, 'Climate engineering and the risk of rapid climate change', *Environmental Research Letters* 4, no. 4 (2009): 45103.

61 Christopher H. Trisos, Giuseppe Amatulli, et al. 'Potentially Dangerous Consequences for Biodiversity of Solar Geoengineering Implementation and Termination', *Nature Ecology & Evolution* 2, no. 3 (2018): 475-82.

62 Damian Carrington, '"Dimming the sun": $100m geoengineering research programme proposed', *Guardian,* 25 March 2021.

63 National Academies of Sciences, Engineering, and Medicine. *Reflecting Sunlight: Recommendations for Solar Geoengineering Research and Research Governance* (Washington, DC: The National Academies Press, 2021).

謝辞

本書で示した見解は、すべて私に責任がある。見落としや判断の誤りについても同様だ。しかし、見解そのものは、運動にたずさわる同志たちと、これまで長いあいだ交わしてきた真剣な対話を通じて培われてきた。

タジオ、リーセ、ヴィクトル、アンナ、テーア、ガブリエル、そしてCode Rood〔コードロード、オランダ〕、Klimacamp Leipziger Land〔ライプチヒ気候キャンプ、ドイツ〕、Folk mot fossilgas〔化石ガスに反対する人びと、スウェーデン〕、その他多くのグループの同志たちに感謝する。とくに、リーセ、ヴィクトル、トロイからは草稿に鋭いコメントを頂戴した。ありがとう。ここ数年、行動を共にする機会に恵まれた、素敵なアフィニティグループにもお礼を言いいたい。ヴァーソ社のジェシーとセバスチャン、ラ・ファブリック社のステラとジャンにも感謝する。Blanck Mass〔英国のバンド〕のアルバムAnimated Violence Mildにも。アートゥサー、シャーフロフ、ファラフナーズ、ショクーフにはその寛大さと心のこもった温かさに、またショーラーにはすべてに感謝する。もちろんラティーフェにも。本書をナディーム・ヴァルター・サーエルに捧げる。

解説

私人が化石燃料を採掘し、好きに売って利益を得る。そうした状況にこそ終止符を打つべきです。

アンドレアス・マルム[1]

今日、気候変動を一大争点として位置づけていない左翼運動は、超教条的なものを除けば、世界におおよそ存在しない。気候変動は「あらゆる政治的アクターが取り組むべき喫緊の課題[2]」という認識は世界共通のものとなっている。そうした情勢のなか、ラディカルな社会運動はどのように気候変動に応答すべきであるのか？　またそれはどのような問題意識に基づくものなのか？　そしてそこにはどのような政治的構想力が必要なのか？　スウェーデンの歴史家・思想家のアンドレアス・マルムによる本書『パイプライン爆破法』は、日本では残念ながらいまだ議論されることの少ない、こうした課題を扱っている。

本書の議論は、気候変動と社会運動にかかわる学問領域を自在に移動し、意欲的に組み立てられている。著者が高校生のときに参加したＣＯＰ１ベルリン会議での会場前座り込みから二〇一〇年代末のドイツ・ブランデンブルク州の石炭火力発電所での現地闘争にいたる四半世紀の活動経験と、「北」と「南」における批判的な左翼の社会運動の歴史とを横糸に、また最新の科学的知見や今日のラディカルな社会運動の展開を縦糸として、その交点に、さらにはその先に社会運動と社会思想の近未来を構想しているからだ。また各所に散りばめられたユーモアや創作物への言及は、「事実」を積み上げるだけでなく、それを直視し、活かしていくために必要な想像力と粘り強さの源がどこにあるかを教えてくれてもいる。

本書の記述は平易かつ明解であり、説明があった方がよいと思われる箇所には適宜注釈を付した。本文で扱われる、気候変動や気候政治をめぐる個々の論点については、日本でもここ数年で多数の書籍が刊行されているほか、SNSやWebサイトでの信頼に足る情報も充実している（日本語以外の情報も、機械翻訳を使えばかなりのことはわかる）。日本語環境で最新の情報や知見を得ようと思えば、あるいは一歩進んでなんらかの行動を起こそうと思えば、材料はそろっている。石炭火力に反対する運動や訴訟も各地で果敢に取り組まれている。だがその半面で、ヨーロッパの独立系左翼がその歴史的なコンテクストにおいて、気候運動をいかに捉えているのか、そしてどのような闘いを展開しつつあるのかを知るきっかけも情報も乏しいのが現状である。

もちろん、北米先住民の環境正義運動については日本での研究の蓄積がある。また、未来のための金曜日（FFF）のデモ、エクスティンクション・レベリオン（XR）の街頭行動は報道でもたびたび言及される。しかし、それと平行して、ドイツ各地で数千人を動員する大規模な実力行動を定期的にやってのけるエンデ・ゲレンデ（Ende Gelände）のことはほとんど誰も知らないだろう。また学術的観点からすると、かれらの直接行動がモデルとする「キャンプ」という手法や戦術やそれに関連する運動については、管見の限り、日本では二〇〇八年の洞爺湖サミット反対運動以降は、まとまったかたちで情報や議論が更新されていないように思われる[3]（海外の研究動向紹介は煩雑になるので割愛する)。他方で、二〇〇〇年代当時に提示されていたトータルな問題意識や見取り図を引き継ぎ[4]、議論を大きく発展させることができなかった一つの要因は、哲学思想領域における気候変動問題への感度の鈍さだったのではないかという思いも個人的にはある。

ところで訳者は、二〇一八年夏にベルリンに滞在していた際、エンデ・ゲレンデの存在を書店にあったポスターでたまたま知り、一〇月にはケルン郊外にあるハンバッハ露天掘り褐炭鉱での現地行動に直に接し、関係者から話を聞く機会を得た[5]。これをきっかけにして気候運動に関心を持ったのだが、Covid-19のために、その後は現地に赴く機会を逸している。こうしたなかで、気候運動で長年の経験がある第一線の研究者マルムによる本書は貴重な存在であり、この本を手に取る(特に、現代思想や批判的な社会理論に興味のある)読者が、気候運動について抱いているイメージを一新させるインパクトすらあると考え、この本を訳出することにした。

著者アンドレアス・マルムは一九七六年生まれで、スウェーデンのルンド大学人文地理学部の准教授を務める。同大学に提出した学位論文を元にした二〇一六年の単著『化石資本――蒸気力の台頭と地球温暖化の原因』[6]でドイッチャー記念賞を受賞し、一躍注目を浴びた。その後、論文集『この嵐の進行――温暖化世界の自然と社会』[7]を刊行した後、二〇二〇年には、ロックダウン下にあった滞在先のベルリンで一気呵成に書き上げたという『コロナ、気候、慢性的非常事態――二十一世紀の戦時共産主義』[8]を送り出した。そしてその前に仕上がっていた本書『パイプライン爆破法』を二〇二一年一月に刊行し、五月には、ルンド大学の同僚らとの共著で『白い皮膚、黒い燃料――化石ファシズムの危険性について』[9]を発表したところだ。これまでに日本語に訳されたテキストは、同じくルンド大学に所属し、「生態学的不等価交換（Ecologically Unequal Exchange）」にまつわる研究でも知られる人類学者アルフ・ホーンボリ（Alf Hornborg）との共著論文[10]一本だけだが、酒井隆史や斎藤幸平が言及していることもあり、名前を目にしたことのある人も少なくないだろう。他方で、本文を読めばわかるように、マルムはイランやエジプト、パレスチナの反体制運動についても知見があり、イランについては、パートナーであるジャーナリストのショーラー・エスマーイーリーアーンと同国の反体制労働運動にかんするモノグラフを刊行している。[11]このほか、ジオエンジニアリングから現代文学にかんするものまで多数の論文を発表し、いくつものインタビューにも応じている。またこのところは、オンラインでのカンファレンスやディスカッションイベントに頻繁に招待されており、YouTube などでもその姿を見ることができる。

二〇二一年八月に公表されたＩＰＣＣ（気候変動に関する政府間パネル）第六次評価報告書第一作業部会報告書を引くまでもなく、今日の気候変動は人間の活動によってもたらされたものであり、一刻も早く温室効果ガスの排出を劇的に抑制し、一・五℃目標を達成するとともに、さまざまな取り組みによって、この燃え（オン・ファイアー）る地球を冷やしていくしかない。だが、それをどのようにして実現するのか？　アンドレアス・マルムの立場ははっきりしている。国際的な連帯を通じ、化石燃料体制を支える資本と極右＝ファシズム勢力と戦い、世界的な階級的不平等を正し、化石燃料の採取から燃焼までのプロセスに実力で介入すること、それを通じて化石燃料から再生可能エネルギーへの移行を実現することである。温暖化の原動力（ドライバー）たる化石燃料に依拠することを止めない政治社会経済文化体制、すなわち「ビジネス・アズ・ユージュアル」――これまで通り、何事もなかったかのように平然と行われている、グローバルノースを主体とした、富裕層と資本に資する活動――を支えるこのつながり（パイプライン）こそが解体の対象なのである。

マルムはこれまで耳目を集める概念を続々と生み出してきた。まず、いまや定着の感もある「資本新世（キャピタロセン）」だ。この概念は、マルムが大学院在学中に「人新世（アントロポセン）」ではなく「資本新世」はどうだとジェイソン・W・ムーアに述べたことに端を発するとされる一方で、ダナ・ハラウェイはそれを知らずに考えついて使い始めたという。[12] マルムはこの観点に立ち、パウル・クルツェンからディペッシュ・チャクラバルティに至る人新世概念によって、また近年の一部の思想潮流を通じて（ブリュノ・ラトゥールが主要な批判の対象である）、今日の気候危機が「人類」の危機として「自然化」されていることを批判する。そして、資本主義社会をもたらし、今も支える不平等な歴史的構造と気候変動とが不即不離の関係にあるという論点をいささかも曖昧にしてはならないと語気を強める。また、現時点での代表作のタイトルでもある「化石資本」は、蒸気機関と結合した石炭が近代資本主義の爆発的な推進力となったのは、それがエネルギーとして扱いやすく、労働力の統制に適していたからにほかならないという認識のもと、エネルギーを化石燃料から再生可能エネルギーへと移行させることこそが、化石経済が支配する現行の資本主義体制そのものの根本的な転換の途であることを論じるための概念である。こうした認識の延長線上に、気候運動における方法論として提起されるのが、資本＝財物（プロパティ）破壊とサボタージュである。

さらに、執筆順ではこの後になる『コロナ、気候、慢性的非常事態』では、Covid-19後の事態を見据えた「戦時共産主義」あるいは「エコ・レーニン主義（ecological Leninism）」のプログラムが提起され、刊行後から大きな話題となっている。彼はこの概念を通して、必要な排出量削減量を実現するには、化石燃料を扱う企業の強制的な国有化と採掘の廃止などの多岐にわたる強制力を持った包括的な社会経済政策が必要であるとぶち上げているからだ。たとえば、日本で初めて「気候正義（クライメイト・ジャスティス）」を題名に用いた著書でも知られる明日香壽川も記すように、[13]一・五℃目標を達成するために必要なのは、大胆な削減計画を実行に移す政治的意思だ。マルムの介入点はここにある。そして、そうした膠着状況、ビジネス・アズ・ユージュアルの頑迷な抵抗を突破するために何をなすべきなのか、それを議論しようと持ちかけているのだ。そして最新刊『白い皮膚、黒い燃料』で用いられる「化石ファシズム」という語は、気候危機におけるヨーロッパ十三ヵ国と米国、ブラジルでの極右と化石資本勢力との政治的結合を視野に入れ、なにが移行を阻んでいるのかについての現状分析の一端を担う概念として提起されているのである。

　気候運動を社会運動の世界史的状況のなかで位置づけ、その問いかけに答えることは思想史的な課題だ。しかし、大気中の二酸化炭素濃度が刻々と上昇していくなかで、ああでもないこうでもない（ブラー・ブラー・ブラー）とやっている時間がないこともまた事実だ。気候危機の最中にわれわれの前に「遣わされた」（武藤一羊氏の巧みな比喩による）ようにして登場したグレタ・トゥーンベリは告げた。「あなたたちにパニックになってほしい」。まずはパニックになるくらいに現実を直視しなければならない。最も楽観的なシナリオであっても、極端現象が遥かに頻繁に発生し、海面上昇は百年から千年の単位で元に戻ることはない。地球温暖化の影響は二十一世紀もひたすら続き、われわれは経験したことのない状況のなかで生きていかなければならない。これはどのような自然災害よりも確度の高いことがらである。こうした見通しがあるなかで、国際エネルギー機関（ＩＥＡ）は二〇二一年五月、二〇五〇年にネットゼロを達成するためには石炭・石油・天然ガスの新規開発は全面禁止すべしとの報告書を発表し、国際通貨基金（ＩＭＦ）は同九月に、世界の化石燃料企業が毎分あたり千百万米ドル（十二億一千万円）の補助金を受けとっているとの報告書を発表した。[14] 五年前ならＮＧＯがやったような仕事を資本主義の後見人たちが率先して行う時代なのである。

もちろん、本書で言及されているようなサボタージュの闘い、ビジネス・アズ・ユージュアルを支えるインフラや資本（プロパティ）＝財物を毀損する闘い、創意あふれる実力闘争は、日本にも世界各地にも無数の例がある。しかし問題は、そうした内外の蓄積が今日の議論のなかでは急速に忘却されていること、あるいはわれわれの今日的あり方と、世界各地の過去や現在の事例とを結びつける想像力が細っていることにあるように思われる。[15] マルムは本書で、英国から南北アメリカ大陸、アジアとアフリカ、中近東など古今南北東西の例に言及して、はたして「非暴力」で「穏健な」闘争だけが社会を変えたことなどあったのかと問う。さらに戦闘的な（ミリタンシー）取り組みがあるからこそ、穏健な主流派の掲げる、しかし実際には穏健とは限らない要求が実現するというラディカル派効果論を参照し、たたみかけるようにして議論を展開する。

ここにあるのは、社会運動を「内側から」考えるとはどういうことなのかという、伝統的な用語法で言えば、理論と実践にかかわる問いだ。そしてこの問いが左翼アカデミズムの言葉遊びやラディカルさの競い合いから出たものではなく、現実の実力闘争に学ぶなかから出ているものであることは強調しておきたい。たとえば、マルムは初期のXRの戦術を本文で批判しているが、党派闘争的な「為にする」議論が目的ではない。戦略的平和主義なる方法論が、いかに多くのものを取りこぼしているか、また何よりも運動の歴史を無視し、書き換えているのかを明らかにするための、いわば同志的批判である。実際、たとえば英国やドイツでも、XRの街頭行動は時に戦闘的になる一方で、警察の弾圧はいっそう激しいものとなり、負傷者の数も明らかに増えている。初期のとにかく逮捕されてしまえという素朴なアプローチが可能だった時とは様相が異なっている。また、インターセクショナリティがますます大きなテーマになるなかで、植民地主義や人種主義への批判が以前よりもはっきり意識され、強調されていることもうかがえる。

国家権力が大規模な警官隊を導入したり、「過激派」キャンペーンをしたところで、運動側がみずからに大義のあることを明確に示すことができれば、大衆的な支持や「世論の風向き」はいつでも大きく変わりうる。別の言い方をすれば、運動は非暴力で平和的であるから支持されるのではなく、大義があるからこそ支持される。現実的な効果はそこから生み出される。たとえば気候ストライキ運動は、二〇一九年の沖縄県民投票と同じく、たった一人の行動から始まった。その大義に大勢の人が結集するかどうかは結果であって、動員数が運動の成否を左右するわけではない。もちろん大義があるからといって、運動が勝利するとは限らないが、非暴力的でないから失敗するという法則などない。また、中心的な政治権力の空白状態において、権力を奪取しなかったがゆえに敗北した政治闘争は史上いくつも存在する（たとえば一九八八年のミャンマーがそうだった)。本書の視点に立てば、いわゆる三・五%論は、こうした重層的に決定される政治的プロセスを暴力的に単純化する議論である。

逆に、ある行為が「暴力的」だから戦闘的であるとか、非暴力的だからそうではないというのもばかげた議論だ。ある行為の意味は、その場の状況と力関係によって決まる。たとえば、本文では、警官に花を渡したり一緒に自撮りしたりする白人活動家の行動が、人種や階級の観点で批判されているが、これは「非暴力」が時と場合で異なる意味を持つことがまったく理解されていないからでもある。その行為は、軍や治安部隊、公安機関が平然と実弾を水平発射し、強制失踪を実行したりするような国、たとえば軍事クーデターが決行され、戦車が街頭を埋め尽くしたバンコクで、学生が警官に花を渡すこととはまったく違ったものだ。後者の「画になる」光景が写真に撮られ、世界中に配信されれば、被写体となった本人は即座にマークされ、家や職場にはほどなく公安が現れるだろう(またカメラを手にして現場にいることそのものも危険だ)。しかし同じことを日本や英国でやったところでまず捕まりはしない。

どのような行為が「犯罪」と見なされるかもまた時と場合による。日本であれば、沖縄の蝶類研究者・宮城秋乃氏(アキノ隊員)の実力行動は、本書がいうサボタージュの一例だろう。米軍が北部訓練場跡地に放置した廃棄物を集めて米軍基地のゲート前に並べ、その回収を求めたことを理由として、宮城氏は二〇二一年六月に強制捜査の対象になった。[16] 米軍基地と日米安保体制という最低のビジネス・アズ・ユージュアル――軍隊は二酸化炭素の主要排出源であり、戦争は最悪の人権侵害であり自然を含めてあらゆるものを破壊する――への戦闘的で創造的な抵抗であるからこそ、国家権力は動揺し、強い態度に出る。もちろん、サボタージュは大小さまざまなリスクを伴う。誰もが思いつきでできるわけではない。マルムも強調する通り、そこには周到な戦術が求められる。決意も必要だ。しかしマルムは問いかける。自分の生死が掛かっているのなら、あるいはそれが本当に重要だと思うのなら、あなたはなんらかのリスクを取るのではないか？あなたは気候危機をどれくらい深刻に捉えているのか？　この問いの答えは読者にたいして開かれている。

マルムが本書の最初と最後で描いているように、また実際にやってみればどこかの時点でわかるように、批判的な運動においてはある時点でそれまで不可能だと思っていたことが打破され、ビジネス・アズ・ユージュアルが宙づりになる瞬間がある。いまこのときにも気候変動が直接間接の原因となって命を落とし、また生存を脅かされている人びとが増えている。時は刻々と過ぎている。そうしたなかで宙づりの瞬間にどのような意味があるのか、グローバルノースの自己満足ではないか、と問う向きもあるだろう。もちろんその問いかけには答えなければならない。しかし、ビジネス・アズ・ユージュアルとは違う、別の世界のあり方をかいまみることなくして、どのように未来を構想することができるというのだろうか？　われわれはそうした世界を見ようとしてきた、あるいは見ようとしている過去と現在のありとあらゆる取り組みから学ぶことができるはずであり、そこにこそ「気候ではなく、世界のあり方(システム)を変える」(*System Change, Not Climate Change*) 現実的な可能性があるはずである。[17]

気候はあらゆる政治的アクターにとって喫緊の課題である。これはあらゆる闘争課題はつながっている、という意味だ。そしてまた、運動とそのあり方そのものがわれわれにとってどのような主体的意味をもつのかという問いも視野に入れるなら、フェリックス・ガタリの三つのエコロジー論が想起される。ガタリは現代先進国世界では、自然環境、社会環境、精神環境という三つのエコロジーすべてが危機に陥っているという時代診断を下し、そこからの転換点を探求していた。「エコロジーとは、主観性と資本主義権力の構成体とをまるごと問いに付すものであって、[中略]資本主義権力が今後も勝ち続ける保証などまったくないのである」[18]。これもまた社会批判を通じたオルタナティブへの試みであった。

　翻ってマルムのテキストが面白いのは、現場で生じるような問いや感覚が、理論的な記述のなかで、あるいは巧みに選び取られた例を通じて、生き生きと感じられるところにある。本書の表題で用いた「爆破」という語は、日本の社会運動史を考えれば即座に選びようもない。だが、この言葉を和らげてしまえば、気候変動の唯一の抑制策は、化石経済としての資本主義を生み出し、それを支え続ける化石燃料使用の急減と一刻も早い使用停止であるという事実から目を背けたままに、なんらかの温和な、つまり豊かな生活、帝国型生活様式（インペリアルなライフスタイル）を享受している人びとが、そのまま安楽でいられるような解決策などないという、著者の基本的なメッセージが伝わらないことになる。したがって直訳風に訳すことにした。なお、気候変動に興味があって本書を手に取ったものの、なじみのない例や用語ばかりだという人は、みずからの関心事や活動がどのような歴史的な歩みの上にあるのかを感じ取っていただければと思う。

本書はAndreas Malm, *How to Blow Up a Pipeline: Learning to Fight in a World on Fire*. London: Verso, 2021の全訳に、本書刊行後の反響に応えた本人のテキスト 'When Does the Fightback Begin?'. verso.com, 23 April 2021を、原著者の了解の元に加えたものである。翻訳にあたっては、先に刊行されたフランス語版(ただし第三章はフランスの文脈に合わせて半分程度に省略されている)と適宜照合し、英語版では省略されている文献注を補うなどしてある。たんなる誤記は断らずに訂正した。

翻訳作業にあたり、鈴木隆洋、谷憲一、鈴鹿峻、松井隆志の各氏にとくにお世話になった。また松井氏からは有益なコメントをいただいた。また気候ネットワークからはCOP1の自転車デモの写真の貴重な写真を提供していただいた。記して感謝する。そのほかの写真はライセンス規定にしたがって使用した。とくに本書への転載を許可していただいたExtinction Rebellion Sverigeと、Channoh Peepovicz、Tim Wagnerの両氏にも感謝する。訳者の問い合わせに快く応えていただいた著者のアンドレアス・マルム氏、訳者の持ち込んだ企画を気に入ってくださり、一切を取り仕切っていただいた編集の阿部晴政氏、出版を引き受けてくださった月曜社の神林豊氏にも感謝する。皆さん、ありがとうございました。

二〇二一年十一月

箱田徹

注

1 Andreas Malm and Nancy Fraser, 'LUCSUS - Dialogue Nancy Fraser and Andreas Malm', 18 May 2021, https://www.youtube.com/watch?v=6ToQvjEZv7U&t=38s.

2 Nancy Fraser, 'Climates of Capital: For a Trans-Environmental Eco-Socialism', *New Left Review* 127 (February 2021), p. 95.

3 たとえば、高祖岩三郎『新しいアナキズムの系譜学』（河出書房新社、二〇〇九年）を参照。

4 今日の批判的な社会運動について、個別課題にかんする優れた研究はいくつもあるが、学問分野がばらけており、問いというかたちで大きなかたまりを形成できていないことに訳者は隔靴掻痒の感がある。この点、雑誌『社会運動史研究』（新曜社、既刊三号）の試みは大いに注目すべきである。

5 箱田徹「採取——現代思想と気候正義の蝶番」『現代思想』第四八巻第五号、二〇二〇年、一九八-二〇六頁。

6 Andreas Malm, *Fossil Capital: The Rise of Steam Power and the Roots of Global Warming* (London: Verso, 2016).

7 Andreas Malm, *The Progress of This Storm: Nature and Society in a Warming World* (London: Verso, 2018).

8 Andreas Malm, *Corona, Climate, Chronic Emergency: War Communism in the Twenty-First Century* (London: Verso, 2020).

9 Andreas Malm and the Zetkin Collective, *White Skin, Black Fuel: On the Danger of Fossil Fascism* (London: Verso, 2021).

10 Andreas Malm and Alf Hornborg, 'The Geology of Mankind? A Critique of the Anthropocene Narrative', *The Anthropocene Review* 1 (2014): 62-69〔アンドレアス・マルム／アルフ・ホアンボー、西亮太訳「人類の地質学？——人新世ナラティヴ批判」『現代思想』第四五巻第二二号、二〇一七年、一四二-一五一頁〕。

11 Andreas Malm and Shora Esmailian, *Iran on the Brink: Rising Workers and Threats of War* (London: Pluto, 2007).

12 ダナ・ハラウェイ、高橋さきの訳「人新世、資本新世、植民新世、クトゥルー新世――類縁関係をつくる」『現代思想』第四五巻第二二号、二〇一七年、一〇八頁。

13 明日香壽川『グリーン・ニューディール――世界を動かすガバニング・アジェンダ』、岩波新書、二〇二一年。

14 Fiona Harvey, 'No New Oil, Gas or Coal Development If World Is to Reach Net Zero by 2050, Says World Energy Body', *Guardian*, 18 May 2021、「化石燃料へ新規投資停止　IEA、50年脱炭素へ工程表」『日本経済新聞』、二〇二一年五月十八日、Damian Carrington, 'Fossil Fuel Industry Gets Subsidies of $11m a Minute, IMF Finds', *Guardian*, 16 October 2021.

15 これが長期的な傾向であることは、九・一一からアフガニスタンとイラクへの戦争に反対する日本国内の運動の展開を背景として、二〇〇四年に出版された、酒井隆史『暴力の哲学』(河出文庫、二〇一六年)を読むとよくわかる。

16 桜井国俊「沖縄県警は、なぜチョウ類研究者宅を家宅捜索したのか――国策に異を唱え、米軍の廃棄物を告発した宮城秋乃さんを見せしめに」、論座Ronza、二〇二一年六月八日、https://webronza.asahi.ccm/science/articles/2021060700003.html。

17 気候問題を論じた本ではないが、社会運動と主体的経験をめぐる最近の優れた思索として、堅田香緒里『生きるためのフェミニズム――パンとバラと反資本主義』(タバブックス、二〇二一年)がある。

18 Félix Guattari, *Les Trois Écologies* (Paris: Editions Galilée, 1989), p. 48 (フェリックス・ガタリ、杉村昌昭訳『三つのエコロジー』平凡社ライブラリー、二〇〇八年、四六頁)。

索引

サ

タ

ナ

ハ

マ

ラ

ワ

B–Z

アンドレアス・マルム（Andreas Malm）
ルンド大学人文地理学部准教授。著書に『化石資本』(Fossil Capital, Verso, 2016. 本書で2016年にドイッチャー記念賞を受賞)、『この嵐の進行』(Progress of this Storm, Verso, 2018)、『コロナ、気候、慢性的非常事態』(*Corona, Climate, Chronic Emergency*, Verso, 2020)など。共著に『白い皮膚　黒い燃料』(*White Skin, Black Fuel*, Verso, 2021)、『極右の政治的エコロジー』(*Political Ecologies of the Far Right*, Manchester University Press, 2024)、『オーバーシュート』(*Overshoot*, Verso, 2024) など。

箱田徹（はこだ・てつ）
社会哲学、社会思想史、現代社会論。神戸大学国際文化学研究科准教授。著書に『フーコーの闘争』（慶應義塾大学出版会、2013年)、『ミシェル・フーコー』（講談社現代新書、2022年)、翻訳にK・ロス『68年5月とその後』（航思社、2014年)、A・ネグリ／M・ハート『アセンブリ』（共訳、岩波書店、2022年）など。

パイプライン爆破法(ばくはほう)
燃える地球でいかに闘うか

著者　アンドレアス・マルム
訳者　箱田徹(はこたてつ)

二〇二一年一月一〇日　第一刷発行
二〇二四年七月三〇日　第二刷発行

発行者　神林豊
発行所　有限会社月曜社
〒一八二-〇〇〇六　東京都調布市西つつじヶ丘四-四七-三
電話〇三-三九三五-〇五一五（営業）〇四二-四八一-二五五七（編集）
ファクス〇四二-四八一-二五六一
http://getsuyosha.jp/

装幀　中島浩
印刷・製本　モリモト印刷株式会社

ISBN978-4-86503-125-6

弔い・生殖・病いの哲学

小泉義之前期哲学集成

生・病・死という根源的な主題を、レヴィナス、ハイデガー、ベンヤミンらとの対決をとおして根底から問いなおした、今こそ読まれるべき四つの著作を、一冊にまとめて、復活。書き下ろし動物論を付す。本体 3,600 円

災厄と性愛

小泉義之政治論集成　I

つねに生と死の倫理に立ち返りながら、左右の言説を根底から検証・批判する。震災、大事故、疫病と向き合い、〈政治〉を問い直す災厄論、マジョリティを批判し、生と性と人類を問い直す、原理的にしてラディカルな性／生殖論へ。本体 2,600 円

闘争と統治

小泉義之政治論集成　II

障害、福祉、精神医療、債務、BI、貧困などに向き合いながら〈別の生〉を開く統治論の新たなる展開。来たるべき政治のために資本主義と統治の根拠とその現在を批判し〈なに〉と〈いかに〉闘うべきか。本体 2,600 円